# 心理学效应

## 人生的自我掌控力

吴　浩／著

武汉理工大学出版社
·武　汉·

# 内 容 提 要

本书系统阐述了与现代人息息相关的常见心理学效应，剖析了心理学效应背后的事件来源、心理学本质、经典事例及现实启示，分析了人、事、物背后的行为动机、发展规律和连锁反应等，旨在帮助读者了解和读懂社会运转法则，引导与启发读者拓展思维，学会生存，适应竞争，获得成长，提升自我格局，提高人生自我掌控力，收获更通透更高质量的人生。

## 图书在版编目 (CIP) 数据

心理学效应：人生的自我掌控力 / 吴浩著 . — 武汉 : 武汉理工大学出版社 , 2023.11
ISBN　978-7-5629-6935-8

Ⅰ . ①心… Ⅱ . ①吴… Ⅲ . ①心理学 – 通俗读物 Ⅳ . ① B84–49

中国国家版本馆 CIP 数据核字（2023）第 236047 号

**项目负责人：**陈军东　　　**责任编辑：**王兆国
**责任校对：**胡璇小慧　　　**排　　版：**米　乐
**出版发行：**武汉理工大学出版社
**社　　址：**武汉市洪山区珞狮路 122 号
**邮　　编：**430070
**网　　址：**http：//www.wutp.com.cn
**经　　销：**各地新华书店
**印　　刷：**北京亚吉飞数码科技有限公司
**开　　本：**148×210　1/32
**印　　张：**9.5
**字　　数：**220 千字
**版　　次：**2023 年 11 月第 1 次印刷
**印　　次：**2023 年 11 月第 1 次印刷
**定　　价：**56.00 元

　　心理学隐藏在社会生活的方方面面，社会生活中常见的心理现象、规律及一系列连锁反应所构成的有趣的心理学效应，在背后"操控"着人们。

　　为什么星座网站上对自己的性格的概括如此准确？

　　为什么同期入职，有人快速晋升，有人却是职场"小透明"？

　　为什么在晚上约会会让人感到更加浪漫？

　　为什么情人眼里出西施？

　　为什么人们越担心的事情越会发生？

　　……

　　人的行为受哪些因素影响，会发生什么样的心理变化，会产生怎样的结局？这些问题，心理学效应可以告诉你答案。

　　本书从自我认知、自我体验、自我调控、两性交往、职场生存、成功逻辑、社会规律、蜕变成长八个方面出发，精选70多个经典心理学效应，帮读者解决生活中遇到的各种问题。比如，揭露情绪管理秘密的野马效应，让人爱听批评的三明治效应，营造心动假象的吊桥效应，延迟满足、提高成功率的糖果效应，怕什么来什么的墨菲定律，跳出"舒适圈"、规避风险的青蛙效应等。

通过对丰富有趣的心理学效应的解密，让你看透更多的人和事，提高人生自我掌控力。

本书逻辑清晰、内容丰富，摒弃艰涩难懂的学科解析，通过通俗易懂的语言深入浅出地阐述各个心理学效应，让读者从自己的日常行为表现中发现心理学的奥秘，从而认清自己、认识他人，捋顺人际关系，熟悉职场法则，发现成功逻辑，洞察社会规律，实现蜕变与成长，收获幸福与成功。

了解心理学效应，看透事情，看透人情，掌控人生。阅读本书，相信你一定有许多新奇、有趣、实用的发现和启发。

作者

2023 年 3 月

CONTENTS

目　录

# 第六章　发现成功的底层逻辑 / 183

# 第七章　洞察社会发展的规律 / 221

第一章

# 掌控人生，从了解心理学效应开始

心理学效应是生活中一些常见的心理学现象或规律的总结。认识并掌握心理学效应，对工作、学习和生活都有重要意义，有助于指引人生方向。

　　心理学效应能够帮助人们更好地认清自己，认识到自己行为背后的心理学原因，从而避免犯错，让自己变得更好。

# 巴纳姆效应

## 认识自己才有机会成功

　　生活中，人们往往会根据外界的反馈来认识自己、评价自己、定位自己，但这极有可能会陷入巴纳姆效应的陷阱，产生自我认知偏差。唯有摆脱巴纳姆效应的负面影响，真正地认识自己，才有机会成功。

## 效应解密

杂技演员肖曼·巴纳姆曾说，自己的杂技表演之所以受欢迎，是因为他表演的节目中包含了不同观众所喜欢的元素。所有来看杂技表演的人都能在他的节目中找到自己喜欢的内容，所以每分钟都有人"受骗"。肖曼·巴纳姆的这一说法，充分说明了人们容易受到主观情绪或外界信息等的影响，对自我的认知产生偏差。这便是巴纳姆效应的来源。

后来，心理学家伯特伦·福勒验证了这一心理学效应。所以巴纳姆效应又名"福勒效应"。简单而言，巴纳姆效应是指人们常常会相信一些笼统的、一般的性格描述，当他们听见外界有人用那些笼统的、模糊的性格描述去形容自己时，他们往往会认为自己的性格就是这样的。

比如，在日常生活中，人们常常利用星座对自己的性格进行分析，进而认为自己的确具有某星座的特点。但事实上，这些星座的特点大都是人们的共有特点，只是人们主观地将这些特点强化为某一星座的特点。很多人会相信与自己星座相关的性格描述，认为自己具有某些性格特点，从而对自己产生认知偏差。

巴纳姆效应说明，人们对于自己的认知并不准确，且会受到外界评论或是某些信息的影响，出现偏差，将一些普遍适用的性格分析套用在自己身上，并对此深信不疑。一旦我们接受了错误的暗示，对自身的认识或定位产生偏差，很可能会令生活、工作陷入一团乱麻中。

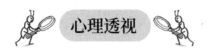

心理透视

　　心理学家伯特伦·福勒为了验证巴纳姆效应，曾组织学生做了一项人格测验，并在测验一周后将测验结果发给学生们。他告诉学生们，测验结果是根据每位学生的人格测验而产生的报告。福勒让学生们反馈测验报告的精准度，并对其进行评分。

　　评分的满分是5分，学生们普遍给出了4分的评分。学生们表示，测验报告的内容与自己的性格很相似。事实上，福勒给每位学生的报告都是一样的，报告的内容是他从一本星象占卜的书籍中摘录下来的。

　　福勒的这一实验证明，人们对自我的认知是非常主观的，很多人会认为一些笼统的、模糊的性格描述是针对自己的，觉得自己就是这样的性格。

　　换句话说，人们总是习惯于通过外界的评价来看待自己，容易受到他人的影响，并因此忽视了自己真实的性格或错误判断自己的潜力、弄错自己的社会定位。

　　如果对自己的认知太过笼统、模糊，不清楚自己真正的优势、劣势，不去挖掘自己独特的闪光点，一味地偏听偏信他人的评价，就极有可能会在错误的道路上越走越远。

　　在现实生活中，很多成功人士都跳出了巴纳姆效应的陷阱，他们有着清晰的自我认知，并深谙扬长避短之道，这才越走越顺，最终拥有属于自己的一片天地。

人们之所以会相信笼统的性格描述，就是因为对自己不够了解。在自我认知的过程中，外界的评价始终只是参考，唯有清晰地认识自己，明确自我前进的方向，才能奔赴理想的未来。

**第一，多渠道收集信息，对自己做出客观评价。**

很多时候，我们无法正确地认识自己，原因在于我们收集的信息不够全面，要么主观因素太强，要么受到外界评价影响。想要避免这一点，不妨多渠道地收集信息，建立科学完善的自我评价体系。

首先，我们可以从身边的亲朋好友处收集信息，了解他们对自己的评价；其次，我们可以通过老师、同学、领导、同事、合作对象等的评价加深对自我的了解；最后，分类整理所收集的信息，建立自我评价体系。在这一过程中，我们对自己的认识会变得越来越清晰。

**第二，掌握自己的性格特点，认清自己的优势和劣势。**

想要正确地认识自己，就要掌握自己的性格特点，认清自己的闪光点和不足之处。这样才能够找到适合自己的爱好或工作，扬长避短，发挥优势，让自己更上一层楼。

想要了解自己的性格特点，找到优劣势，除了通过自我评价、外部反馈外，还可借助一些专业的性格测试工具，灵活运用这些测评工具加深自我认识，获得更准确的定位。

**第三，用发展的眼光看待自己，不断更新自我评价体系。**

其实每个人都处在不断的发展变化中。在不同的发展阶段，我们对自己的看法、定位也要随之发生变化。不断更新自我评价体系，不用过去的结果框限住自己未来的脚步，才能收获更精彩的明天。

# 野马效应

## 管理好情绪，才能管理好人生

　　在日常生活中，如果你经常因为一些小事而产生负面情绪，且无法控制情绪，让自己长时间处于情绪失控的状态中，那么你可能会掉进野马效应的旋涡里，给自己的生活、工作带来无数麻烦。

效应解密

　　在非洲草原上，有一种吸血蝙蝠，这种蝙蝠经常会叮咬野马。很多野马被咬住后，无法摆脱这些蝙蝠，渐渐就会陷入暴怒的情绪中，不断狂奔，最后往往因此丧命。

　　一只蝙蝠的叮咬只会让野马失血，并不致命，而真正让野马丧命的，是它们的暴怒和狂奔。野马因狂奔而耗尽体力，无法摆脱蝙蝠，蝙蝠就会将野马的血都吸光。

　　心理学家将这种因为小的刺激而导致情绪失控，最终造成重大后果的现象称为野马效应。野马效应告诉我们，如果不控制好自己的情绪，很可能会让自己损失惨重。

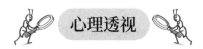

心理透视

　　曾有心理学家用两只狗做过一个关于情绪的小实验。心理学家将一只狗关在笼子里，另一只狗放在笼子外面。心理学家将骨头喂给笼子外的狗，让笼子里的狗看着。随着时间的流逝，笼子里的狗因为吃不到骨头而越来越急躁，逐渐被失控的情绪控制，出现了神经症性反应。由此可见，即便是动物，在被极端情绪支配后，也会产生异常行为。

野马效应在日常生活中经常出现。比如，家长为孩子辅导作业，如果孩子长时间表现不佳，听不懂家长所讲的内容，家长在愤怒的状态下就可能会不自觉地提高音量，甚至出现拍桌子、批评孩子的行为。在情绪发泄完之后，才会意识到自己的行为过激，但下一次辅导孩子功课时，依然难以控制自己的情绪。

心理学家南迪·内森曾说："人的一生平均有十分之三的时间都处在情绪不佳的状态中"。当人们情绪失控时，可能会做出一些极端行为，如摔东西、酗酒、暴饮暴食等，但这样的行为并不能从根本上解决情绪失控的问题，所以要想真正控制好情绪，就要学会情绪管理，让自己不被负面情绪支配。

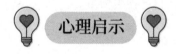

心理启示

情绪管理就是要学会控制情绪，让自己处于情绪稳定的状态中，这样就能够有效避免野马效应的出现。

第一，接受情绪，自我调节。

负面情绪的出现是正常的，每个人都会有失望、沮丧、痛苦的时候，这是无法避免的。因此，当负面情绪出现后，不应当过分压抑，而是要接纳情绪，勇敢面对。

接纳情绪就是允许负面情绪的出现，当痛苦发生后，让自己感受痛苦，而不是逃避痛苦。之后，让自己冷静下来，适时分析痛苦产生的原因，只有这样，才能结束痛苦，将自己从负面情绪中拯救出来。

**第二，发泄情绪，避免内耗。**

过分压抑负面情绪会加重负面情绪的不良影响，让自己在负面情绪中不断内耗。因此，当负面情绪出现的时候，可以适当发泄情绪，不让自己沉沦在负面情绪中。

当负面情绪出现后，可以向朋友、家人倾诉，排解烦闷，寻找解决办法；也可以通过跑步、爬山等运动来宣泄情绪，放松身心，让自己平静下来。

# 飞轮效应

## 坚持，你终将有所收获

飞轮效应告诉我们：再高的山，只要肯攀登，终有登顶的一天；再远的目的地，只要一直前行，终有到达的一天；再阴暗的天气，只要耐心等待，终有放晴的一天，坚持下去，你终将有所收获。

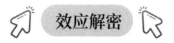

## 效应解密

飞轮效应由美国管理学家吉姆·柯林斯提出。吉姆·柯林斯和他的研究小组曾花了5年的时间来研究公司发展卓越的原因。最终，吉姆·柯林斯发现，发展卓越的公司能够成功的真正原因在于企业领导和员工的不懈努力，并且这些公司的领导和员工都对公司的卓越发展有执着的追求。吉姆·柯林斯受到这一研究成果的启发，提出了飞轮效应。

人们要使静止的轮子转动起来，必须使出很大的力气，并且要不断地推动轮子才能使其保持转动的状态。人使出的力气越大，轮子的转速就越快。当轮子的转速到达某一临界点时，就会自发地转动，甚至不需要一直推动也能够保持转动的状态。

吉姆·柯林斯指出，人们转动飞轮的过程与卓越公司的发展过程极为相似。开始时很困难，而一旦到达某个节点，就会变得轻松很多。这便是飞轮效应，这一效应主要用来形容刚开始需要费力去做，在坚持不懈的努力后会有所收获的现象。万事开头难，在不懈努力后，便极有可能获得成功。

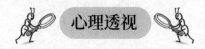

日本作家村上春树的成功就是飞轮效应最好的证明。村上春树在成为作家之前，和妻子一起经营着一家生意并不算好的小酒吧，每天忙忙碌碌，生活依旧毫无起色。

1978 年的某天，偶然观看的一场棒球赛激起了村上春树的创作欲，于是他开始尝试写作。每天上午他都会坚持写作，没有一天停下。在这样日复一日的坚持下，一年后，村上春树完成了处女作《且听风吟》。

《且听风吟》发表后大受好评，这给了村上春树极大的鼓励，使他决心走上小说创作的道路，并在此后坚持写作，完成了《挪威的森林》《海边的卡夫卡》等多部著作。

所有的事情在开始时总是艰辛的，如果能够坚持下去，等到飞轮转动到某个转折点，或许就会迎来胜利的曙光。

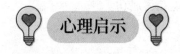

持续的坚持和努力中蕴含着巨大的能量，路虽远，行则将至。一旦熬过了艰辛的时期，到达某个"临界点"，事情就会逐渐顺利起来。想要有所回报，就要有坚持下去的毅力。

**第一，制定目标，勇敢前行。**

当一个人对未来有期许的时候，自然会不断努力，实现目标。因此，在付出努力之前，要有一个明确的目标，有了目标之后，就有了前进的方向，也有了坚持下去的动力。

目标可以分为长期目标、短期目标等不同种类的目标。长期目标可以是想要实现的理想、想要的生活等，短期目标主要涉及近期需要做到的事情。短期目标要具体明确，并且是可以实现的，这样才能给人以动力，让人向着目标前进。

**第二，制订计划，不断前进。**

有了明确的目标之后，需要根据目标制订行动计划，规划自己的时间，争取实现目标。计划要根据个人情况制订，与自己的生活习惯、个人能力相符，具有可操作性。同时，计划要有一定的可调节空间，在遇到突发事件时，可以灵活调整、变更计划。

计划制订完成后，人们需要以足够的毅力坚持实施，推进计划的进行。这样，就能够让自己按部就班地按照计划坚持行动。

**第三，脚踏实地，持之以恒。**

即使道路艰险，不断攀登，终会有登顶的一天。想要有所成就，就需要脚踏实地，不断前进，正所谓"追风赶月莫停留，平芜尽处是春山"。

多一分努力就可能多一分收获，如果因为开始时的一点困难就轻易放弃，又怎能看到黎明的曙光？所以，在追求梦想和成功的道路上，需要我们日复一日地努力。只有顶住压力，坚持向前，才能等到柳暗花明时，让人生的"飞轮"转动起来。

# 角色效应

## 聪明人要学会换位思考

　　人们每天都要扮演不同的角色，这些角色会影响到个人的能力提高和性格养成。人们要学会适应不同的角色，同时，也要体谅他人的角色，这样才能让自己得到更长远的发展。

效应解密

在日常生活中，人们在不同的场合扮演着不同的角色，比如，在家庭中是父亲，在职场中是领导；在家中是孩子，在学校是学生；等等。不同的角色赋予了人们不同的特点，人们往往会根据角色的变化来调整自己的处事方式，让自己适应角色的要求。

在心理学上，人们将这种因角色的变化而引起的心理和行为上的变化称为角色效应。很多人都会受到角色效应的影响，出现不同的行为变化。比如，在同一个多子女家庭中，长子或长女往往更有担当，负责照顾弟妹，但可能在自己的爱人面前则是需要被照顾的状态。

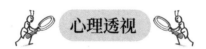

心理透视

日本心理学家长岛真夫曾开展过一个实验，用来研究角色效应对人的影响。

长岛真夫从某小学五年级的一个班级中挑选了 8 名学生，让他们担任班干部。这 8 名学生平时表现较为普通，在班级中并不受关注。

一个学期过后，这 8 名同学中有 6 位依然被选为班干部。同时，长岛真夫通过观察发现，这8名同学在性格方面也有所改变，变得更加开朗活泼了。

由此可见，角色的变化能够对人的能力、性格产生影响，让人们朝着更好的方向发展，这是角色效应对人产生的积极影响。

角色能够影响人的性格发展、能力养成，甚至会影响到人生选择。人们要重视角色的作用，让自己变得更好。

**第一，扮演好自己的角色。**

一个人在不同的场合有不同的角色，而我们需要做的就是扮演好自己的角色，作为学生，要认真学习；作为员工，要努力工作；作为子女，要孝顺父母……在其位谋其政，履行自己应尽的义务，做好自己该做的事情。

**第二，不被"角色"固化。**

有一些角色会受到世俗观念的影响，呈现出明显的角色特点。比如，老师为人师表，要成熟稳重、举止得体；律师需要强大的协调能力，往往能言善辩。这些都是社会观念对角色的影响，也往往影响着人们朝着符合角色特点的方向发展。

但是，如果被"角色"影响过深，反而会失去自己本身的性格特点，使自身发展受限。比如，有的全职主妇认为自己只能处理家务，再也无法去职场上打拼，这就被单一角色所限制，影响到了自身的发展。

因此，我们在履行自己的职责之时，也要防止角色效应的负面影响，避免被"角色"固化，对自己的能力做出错误的判断。

第三，学会换位思考。

很多时候，人们往往只看到自己的角色，为人处世常常过于主观。正确的做法是，在扮演好自己角色的同时，也要能够体谅他人，学会换位思考。看到他人角色的特点，能够站在他人的角度思考问题，这样，能让自己更加客观、理性、全面地看问题和处理问题。

# 潘多拉效应

## 好奇但不逆反

　　好奇心是人们对未知世界的热情，好奇心本身无对错，但面对未知，人们无法预测是灾祸还是希望，一旦被逆反心理和好奇心所控制，就可能会做出让人追悔莫及的事情。这正是潘多拉效应的具体表现。

心理学家将受到好奇心驱使，做出逆反行为，从而造成严重后果的现象称作潘多拉效应。

有时候，越是明令禁止的东西，人们越是想要一探究竟，这就是好奇心和逆反心理在作祟。

比如，家长或老师不让孩子做的事情，孩子反而会想方设法去尝试。因为在做这些事情的时候，能够让孩子产生叛逆的快感，其好奇心得到了极大的满足。在尝到好处之后，孩子反而会频繁做这些事。这就是潘多拉效应。

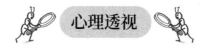

潘多拉效应源自希腊神话。在希腊神话中，普罗米修斯将火种带到了人间，为人间带来了希望。但普罗米修斯的这一行为惹恼了宙斯，宙斯便想借潘多拉之手将灾祸带到人间。

于是，宙斯将一个魔盒送给潘多拉，故意和潘多拉说不可以打开魔盒，想利用潘多拉的好奇心来达到自己的目的。

潘多拉果然没有抑制住自己的好奇心，偷偷打开了魔盒。就在潘多拉打开魔盒的瞬间，盒子里的灾难、瘟疫、战争等灾祸通通飞了出去，涌向人间。从此，人间便有了痛苦、灾难等不好的事情。

在现实生活中，许多人对新兴的、不熟悉的事物感到好奇，对刚接触的事情有更多的新鲜感，喜欢探索未知等，这些都是有好奇心的表现。有好奇心本无错，但如果不能控制好奇心，就可能会犯下大错。

好奇心本身无对错，保持好奇心可以让人们更好地认识世界。但是如果在逆反心理的作用下，放任好奇心发展，不计后果地满足自己的猎奇心理，就可能会酿成大祸，如同希腊神话中的潘多拉，因为控制不住好奇心而让人间出现灾祸。为了避免这样的危害发生，人们就应当学会控制好自己的好奇心，不去做出格的事情。

第一，提高自律意识，加强自我约束。

想要控制好奇心，就要提高自律意识，提高自我约束能力，不让自己被好奇心驱使而做出无法挽回的事情。

只有克制欲望，严格约束自己的行为，才能控制住好奇心。当我们对某件不好的事情好奇的时候，要自我克制，保持清醒。克制自己往往是很痛苦的，但只有如此，才能坚守底线，不被好奇心驱使。

**第二，做事之前想清后果。**

很多人为了满足自己的好奇心，做事往往不顾后果，以至于造成不可挽回的损失。但如果我们可以在做事情之前想清楚后果，就能让自己保持清醒，控制好奇心。

有道是"三思而后行"，在做事之前，要将做事的原因、方法、可能产生的结果都想清楚，权衡利弊，再考虑要不要做这件事。这样思考之后，就能让自己更加理智，不被好奇心控制，不鲁莽行事。

**第三，克服逆反心理。**

有时候，我们明知道一些事情不能做，却还是忍不住去做，这也是潘多拉效应带来的负面影响。如果想要规避这一影响，就要学会克服逆反心理，让自己保持理智。

克服逆反心理的方法有很多，比如，保持更开阔、宽容的思维方式，不断提高自己的见识和修养，懂得调节自我，等等。远离潘多拉效应，克服逆反心理，生活、工作才能变得越来越顺心。

# 安泰效应

## 找到自己擅长的领域

安泰效应告诉我们，一个人想要有卓越的成就，就要找到自己擅长的领域，利用自己的优势，充分发挥自己的才能，这样才能创造更大的价值，提高自己的社会竞争力。

　　在古希腊神话中，有一个名叫安泰的大力神。安泰力大无比，没有人可以战胜他。但安泰有一个弱点，即不能离开地面。一旦离开地面，安泰就会失去力量来源，变得不堪一击。

　　安泰的对手得知了这个秘密后，就设局将安泰举了起来，让安泰脱离地面。失去力量的安泰毫无还手之力，最终被对手杀掉了。

　　心理学家将这种依靠某种条件而存在，一旦脱离了特定条件就不再生效的现象称为安泰效应。安泰效应常常被用来告诫人们，要懂得依靠自己所擅长的事情，最大程度地发挥优势。短板会影响到个人的发展，如果不懂得巩固和隐藏短板，就会像安泰一样被人打败。

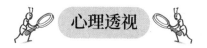

　　神话中的大力神安泰因为不懂得利用自己的长处而被打败，现实中的我们想要提升，就一定要找到自己擅长的领域，扬长避短，将优势变成可以依靠的能力。

　　物理学家杨振宁求学时，由于动手能力较差，做物理实验时常常出现失误，但他的理论知识掌握得非常好。于是，在选择研究方向时杨振宁决定发挥长处，专心于理论研究。功夫不负有心人，几年后，杨振宁在理论物理方面取得了突出成就，获得了诺贝尔物理学奖。

国学大师钱钟书在报考清华大学时，数学只考了 15 分，但他的国文是特优。当时的校长罗家伦认为钱钟书的国文水平很高，破格录取了钱钟书。被清华大学录取后，钱钟书专心研究文学，最终写出了经典名著《围城》。

正所谓尺有所短、寸有所长，我们每个人都有长处和短处。杨振宁与钱钟书正是因为充分利用自己的长处，才避免了安泰效应的出现，让自己在擅长的领域发光。

心理启示

人无完人，每个人都有自己所擅长的事情，也有做不好的事情，即便是神话中的大力神也有失败的时候。但如果安泰不离开地面，就会有源源不断的力量。正因如此，我们更应该抓住自己的天赋，不让自己失去力量源泉。

第一，找到擅长的领域。

想要发挥长处，要明白自己擅长什么。这需要人们足够了解自己，清楚自己的兴趣爱好与所擅长的事情。比如，善于与人交往的人，口才一般很好；擅长绘画的人，往往想象力丰富。要深入挖掘自己的兴趣爱好，才能找到自己所擅长的领域。

另外，想要找到擅长的领域，需要我们不断探索、学习新的知识。在接触新领域的过程中，我们可以尝试找到自己喜欢的事情。这些喜欢的事情，就是兴趣的开始。之后，我们需要在喜欢的事情上多下功夫，不断深挖，将兴趣变成自己擅长的事情。

第二，不断练习，强化优势。

在找到自己的长处之后，要尽可能地锻炼自己的长处，将优势最大化。我们可以通过日复一日的练习，不断强化优势，将优势变成自己的强项，为自己寻得一技之长。

强化优势需要不断地练习，在练习之前，要制定目标和计划，规定自己在某段时间内需要达到的水平，同时也要规定练习的时间。按照计划严格执行，才有可能收获理想的效果。

# 特里法则

## 成长的路不会白走，每一步都算数

  犯错这件事，每个人都会经历。有人将其看作洪水猛兽，避之不及，有人却能坦然处之，勇敢面对。而只有勇于承认错误的人，才能够从错误中总结经验、得到收获，将错误变成成长路上的垫脚石。

效应解密

特里法则源自美国田纳西银行前总经理特里的一句名言："承认错误是一个人最大的力量源泉，正视错误的人能够得到错误以外的东西"。福祸相依，错误不一定就是不好的。有时候，承认错误也可以带来意外的惊喜。一个勇于承认错误的人，会因为自己的诚实和勇气得到他人的认可。

人生在世，每个人都可能会犯错，但无论是大错小错，都要有承担的勇气。如果因为一时的畏惧就推脱责任、逃避惩罚，或许能够逃脱一时，但始终留有祸患。

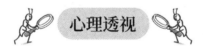

心理透视

犯错误并不可怕，犯了错误却不敢承认错误，才是懦弱的表现。相反，如果一个人犯错之后，勇于承认错误，恰恰能够证明自己是有担当、有责任心的，布鲁斯·哈威正是这样的一个人。

布鲁斯·哈威是一家公司的会计。有一天，在结算工资时，哈威漏算了一位员工因请假而需要扣掉的工资，给了这位员工全勤奖。思虑再三，哈威认为这是自己的错误，不能由那名员工负责。于是，他将这件事告诉了老板，希望能够找到解决办法。老板非但没有责怪哈威，反而很欣赏他勇于担责的品格。

由此可见，犯错之后勇于承认错误，努力挽回，才是最应该做的，也只有这样，才能证明自己，并获得他人的认可。

在现实生活中，很多人不愿意承认错误，往往是不想接受错误，不想接受自己的失败。但人生在世，人人都难免犯错，能够主动承认错误，就是成长的一大步。正所谓"知错能改，善莫大焉"，只有承认错误，才能改正错误。

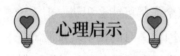

心理启示

每个人都会犯错，但并不是每个人都有勇气承认错误。特里法则告诉我们，只有勇敢地承认错误，并从错误中获取经验，才能让自己变得更好。毕竟成长的路不会白走，每一步都算数。

第一，正视错误，承担责任。

犯错之后，只有正视错误，才能吸取教训，避免下次犯错。要正视错误，首先要端正自己的态度，以认真负责的心理接纳错误，不逃避现实。同时，要能够接受批评，承认自己的错误。

其次，要勇于承担责任，直面错误造成的损失，接受惩罚。不能将责任推卸给他人，妄图逃避惩罚，这样是不负责任的表现，更不能让自己深刻意识到错误的严重性。

最后，要积极寻找解决办法。犯错后，仅仅承认错误是不够的，还要寻找解决问题的办法，降低损失，走出困境。

**第二，吸取教训，自我反思。**

犯错之后，如果不懂得反思，就会掉以轻心，下次可能还会犯同样的错误。所以，在犯错后，要懂得反思，吸取教训，避免再次犯错。

反思错误需要思考犯错的原因，追根溯源，寻找自己的不足之处，要清楚错误发生的原因，是粗心大意，还是专业知识不够强，找到原因之后，才能查漏补缺，改正错误。

# 詹森效应

## 关键时刻，别掉链子

  当一个人处于某些重大场合或关键时刻时，就会产生压力。而巨大的心理压力可能会使人过分紧张，反而难以发挥真实水平，导致出现失误，这就是詹森效应。

效应解密

　　詹森效应是指因为心理压力过大而发挥失常的心理学现象。当人们处在某些重要的场合之中，就会不自觉地产生压力，害怕自己做错事或者发挥不好，从而产生紧张、焦虑、恐惧等负面情绪。

　　而这些负面情绪一旦失控，就会影响到人的行为，从而使原本熟悉的事情变得难以完成，出现失误。而这时人们的表现并不能够彰显真实水平，属于发挥失常的范畴。

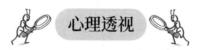

心理透视

　　在现实生活中，因为心理压力大而出现失误的例子比比皆是。许多人因为过于在乎成绩，害怕自己表现不好，难以专心，反而导致失败，这种现象在运动员身上时常发生。

　　丹·詹森是一名日常训练表现十分出色的运动员，是大众非常看好的夺冠热门选手。然而，就是这样一位实力雄厚的运动员，曾多次因心理压力过大而失利。

　　詹森平时训练成绩优秀，人们都认为他有拿冠军的实力。外界的舆论为詹森带来了无形的压力，他很难不在乎自己的成绩，然而就是因为太过在意，害怕失败，在比赛时反而过分紧张，出现失误，最终无缘冠军奖牌。

心理启示

詹森效应是生活中常见的心理学现象，很多人受到詹森效应的影响，在关键场合发挥失常。由此可见，关键时刻只有摆脱詹森效应的负面影响，才能得到理想的结果。

第一，关键时刻，让自己平静下来。

想要摆脱詹森效应，应克服紧张、焦虑等负面情绪，让自己专注于正在做的事情，不去想成绩，也不去想结果。在考试或比赛开始前，可以深呼吸，让自己平静下来，保持平和的状态。也可以鼓励自己，告诉自己"我能行"，让自己充满信心。

第二，做好准备，想好每一步。

在重要的考试或比赛之前，要积极准备，这样才能让自己更有信心，在关键时刻保持冷静。如果准备不充分，就很容易产生焦虑情绪，导致考试或比赛失利。

另外，很多运动员在比赛时，会想好自己要走的每一步，这样就能让自己专注于比赛，不去想其他事情。我们在参加重要的考试或比赛时，也可以这样做，即提前想好每一步，然后在考试或比赛过程中专注于眼前的事情，让自己逐渐冷静下来，沉着应对考试或比赛。

# 第二章

# 认识最真实的自己

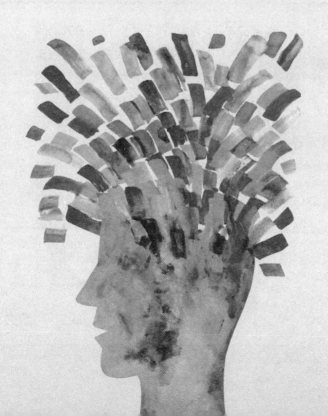

你了解真实的自己吗？你眼中的自己和他人眼中的自己是一样的吗？正所谓"当局者迷，旁观者清"，自己未必如想象中那般了解自己。想要全面、正确地认识自己，就要从了解相应的心理学效应开始。

# 瓦拉赫效应

## 找个机会重新认识自己

俗话说："尺有所短，寸有所长"。尺虽然比寸长，但是尺有其短处，寸也有其长处。兔子在陆地上虽然比乌龟跑得快，但进入水中就不如乌龟了。

你了解自己的长处和短处吗？了解瓦拉赫效应，让你重新认识自己。

效应解密

　　每个人都有自己擅长的领域，也有自己不擅长的领域，一个人只有真正认识自己，找到自己的长处，在自己擅长的领域充分发挥自己的才能，才能顺利达成人生目标，这一现象就是瓦拉赫效应。

　　人们的智能发展并不均衡，所擅长的事物也各有不同，不要总盯着自己的短处，要发现并放大自己的优势，让人生之路越走越宽，这也是瓦拉赫效应给我们的启示。

心理透视

　　瓦拉赫效应源自德国化学家瓦拉赫的成长经历，通过其经历，我们也能从中了解瓦拉赫效应的本质。

　　奥托·瓦拉赫曾在 1910 年获得诺贝尔化学奖，在化学领域获得了突出的成就。作为诺贝尔化学奖得主，奥托·瓦拉赫有着超乎常人的智慧，但他在中学时期，却也曾是令老师和家长头痛的后进生。

　　奥托·瓦拉赫读中学时，父母先是希望他能够在文学上有所成就，但他虽然用功，却没有展示出任何文学上的天赋。后来，父母又送他去学油画，他在艺术上也毫无灵感，老师甚至说他是不可造之才。只有化学老师说他做事严谨，具备学习化学的优良品质，于是奥托·瓦拉赫就转而去学习化学。没想到，其他老师眼中的笨学生在化学道路上却展现出惊人的才能，最终取得了令人惊叹的成就。

如果奥托·瓦拉赫没有去学化学，而是一直学习文学或绘画，他可能就无法取得后来非凡的成就。

由此可见，每个人都有自己的优势和劣势，一旦找到自己最擅长的领域，就能充分发挥智能潜力，从而取得成功。

瓦拉赫效应告诉我们要真正认识自己，发掘自己的优势。每个人都有独特的优势和潜力。有时，我们可能会在一些领域遇到挫折，或者被认为在某些方面表现不佳，但这并不意味着我们没有其他方面的才能或潜力。

发掘自己的优势，才能更好地取长补短，因此，我们在工作和生活中要充分发掘自己的优势。

第一，从别人的评价中发掘自己的优势。

当无法正确认识自己的优势时，可以回想自己在哪些方面得到过亲人、朋友、同事或领导的认可，从别人的评价中发掘自己的优势，找到自己擅长的领域。

第二，确定自己的兴趣。

人们对自己感兴趣的事，常常能够更快更好地完成，而且在完成事情的过程中还能获得满足感和快乐，由此可以确定自己的兴趣，也就发现了自己的优势所在。

第三，通过对工作进行复盘认识自己的优势。

通过对工作进行复盘，总结自己在哪些方面做得又快又好，这些方面就是自己的优势。比如，是擅长解决问题，还是能够高效地管理时间；是擅长沟通，还是能够提出创新的想法；等等。

# 苏东坡效应

## 当局者迷

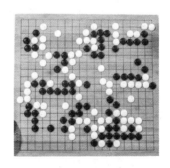

在棋局中，执棋者可能因为一时的得失而只顾眼下，无法看清大局，从而失去了赢得全局的机会，这也就是所谓的当局者迷。

人在某些情境下，也会像在棋局中一样，因为无法看清整个局势或看透事情的真相，而陷入当局者迷的境地，反而身处局外的旁观者能够看得更全面、清楚。

效应解密

宋代文学家苏东坡在《题西林壁》中写道："不识庐山真面目，只缘身在此山中。"

"自我"就像是诗中提到的庐山，一个人常常因为自身的局限性而无法看清全面、真实的自己。比如，一些人往往对自己的优点非常了解，却很容易忽视自己的不足。这种无法正确认识自我的心理现象就是苏东坡效应。

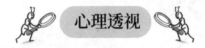

心理透视

来自美国的拉塞尔·康维尔牧师在 21 世纪初开展巡回演讲，他在演讲中讲了这样一个故事。

很久以前，印度有一个名叫阿里·哈弗德的人，他有自己的农场和果园，过着衣食无忧的生活。一天，一位深受人们敬仰的祭司拜访了阿里·哈弗德，并向阿里·哈弗德介绍了世界的构成以及如何形成，同时告诉他钻石是十分宝贵的东西，如果他能拥有一座钻石矿山，他就能富可敌国。阿里·哈弗德听后内心燃起了对钻石的渴望，于是他变卖了自己的农场和果园，踏上了寻找钻石的旅程。他跋山涉水，走了很远的路，却依然没有找到钻石，最后变得穷困潦倒，死在异国他乡。令人意想不到的是，几年之后，就在阿里·哈弗德变卖的土地上，人们发现了大量钻石。

　　阿里·哈弗德穷尽一生追寻的钻石，其实就在他自己的土地上。拉塞尔·康维尔牧师通过这则故事告诉人们，人们苦苦寻找的东西，常常就在自己手中。

　　一位美国的心理学家还做过这样一个实验：他找来彼此熟悉的25个人，并让每个人对自己以及他人做出评价，结果发现，大多数人都会夸大自己的优点，掩饰自己的缺点。通过这个实验可以看出，人们常常很难客观、全面地认识自己，这正验证了苏东坡效应：当局者迷。

　　全面地认识自己，能够让自己扬长避短，充分发挥自己的潜能。但是正是因为涉及自身，人们往往很难客观地、正确地认识自我。

心理启示

　　老子曾说："知人者智，自知者明。"能了解自己的人是聪明、明智的。一个人只有充分了解自己才能确立合理的目标，从而不断奋斗取得成功。

　　苏东坡效应告诉我们，人们很难正确认识自己。当局者迷时，如何才能打破苏东坡效应、全面认识自己呢？

　　第一，多多反省自己。

　　《论语》中曾子曾说："吾日三省吾身。"每天对自己进行反省，便于自己以旁观者的角度审视自己曾经的所作所为，对发生的事能够有更客观的见解，帮助自己更好地认清自我。同时，自省还能帮助自己认识自身的不足，修正处事方法。

第二，通过别人的评价来了解自己。

既然自己难以认清自我，那就通过别人的评价来了解自己，他人对自己的评价常常更客观。将自我评价与他人评价相结合，就能够对自己产生一个全面、清晰的认识。

第三，通过自我对话来深入了解自己。

每个人内心里可能都会有不同的声音，与自己对话，有助于了解自己内心深处真实的想法，让潜意识中模糊的概念逐渐清晰，从而更深入地了解自己。

具体实施时，可以找一个合适的时间，选择一个安静的地方，让自己保持放松的状态，然后将自己想象成两个或多个角色，互相问答、沟通和交流，并将有价值的想法记录下来，以便了解自我内心的想法和需求。

第四，多尝试新鲜事物。

如果没有发现自己的优势，不妨多尝试自己没接触过的新鲜事物，或许就能发现自己的潜力所在。比如，尝试绘画、写作等，或者尝试加入志愿者团队，尝试组织一场活动等，从中发现自己的优势。

# 安慰剂效应

## 相信什么就会拥有什么

"当你相信什么就会拥有什么"，这听起来似乎令人难以置信，却有很多事实证明确实如此。

信念，有时就像安慰剂，当你相信它时，你会为之付出所有的努力，而这些努力会进一步促使信念成真，这就是一个人相信什么就会拥有什么的原因。

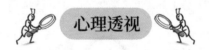

效应解密

美国的毕阙博士在给病人看病时发现，一些病人虽然采用的是无效治疗，但因为"相信"治疗有效，病人的病情仍然得到了缓解，1955 年，毕阙博士将这一现象总结为"安慰剂效应"。

安慰剂效应说明，精神力量具有强大的作用，一个人保持积极良好的心理状态，有利于身心健康，也有利于事情朝着良好的方向发展。

心理透视

曾有两个同名的人同时前往医院接受身体检查。不巧的是，工作人员在分发体检报告时犯了个错误，导致他们错误地收到了对方的报告。其中一份报告显示被检查者有可能会患上了严重疾病，而另一份报告却显示身体健康无恙。出乎意料的是，那个原本可能生病却收到健康报告的人一直以乐观的心情过日子，几年过去了，他不仅没有生病，反倒更加生龙活虎。与此同时，那个原本健康却收到错误报告的人却深陷忧虑之中，最终不幸患上了体检报告提示的疾病。

拿到健康体检报告的人心情乐观开朗，这种积极的心态使他的身体保持了健康。而拿到可能患病报告的人由此产生担忧等负面情感，导致心理压力增加，最终对健康产生了不利影响。由此可见，心理作用对人的影响巨大，积极的心理作用能让人们维持健康的身心状态，能够"心想事成"。

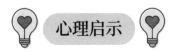

心理启示

安慰剂效应就像是心理暗示，它在人们的心中埋下一颗种子，从而对人的心理、情绪以及行为产生影响。在生活中，应充分利用安慰剂效应，实现积极的自我心理暗示，让自己离成功更近一步。

第一，多回忆过去成功或愉快的经历。

常常回忆过去成功的经历，能够让自己心情愉快，并能够增强自信，激发积极情绪，从而减少对眼前困难的畏惧，有助于自己再次成功。

第二，使用积极的语言激励自己。

多对自己说"我真是太厉害了""我一定可以"等积极的语言，从潜意识里相信自己很优秀，没有什么困难能够难倒自己，从而让积极的心理暗示发挥作用。

# 从众效应

## 不要在别人的观点中迷失自己

　　当自己的观点与大多数人都不相同时，你会选择坚持自己还是盲目跟从大多数人呢？跟随大多数人固然可以让自己轻松地做出选择，但是真理往往掌握在少数人手中，坚持自己，才能恪守心中的准则，不迷失自己。

效应解密

　　从众效应，又名"乐队花车效应"，是指当个体的观点、判断或行为与群体不一致时，受群体引导或群体压力的影响，个体改变自己，与群体保持一致。正如"皇帝的新装"故事中那样，当大多数人都在赞美国王那件不存在的衣服时，其他人也会进行附和，而不是说出实情。

　　从众效应体现的是人们"随大流"的思想，这种思想虽然有时能够让人做出正确的选择，但是长期随大流，容易让人丧失独立思考能力和判断能力。

心理透视

　　1956年，美国的社会心理学家阿希曾经做过一个有名的阿希实验。

　　在实验中，他在第一张纸上画出一条线段，在第二张纸上画出长度明显不同的三条线段，其中一条线段与第一张纸上的线段等长，参加实验的受试者需找出这条线段。

　　为了测试人们的从众行为，阿希故意将参加实验的人分为多组，每组中只有一位真正的受试者，其他人均是阿希的助手。实验中，阿希故意让助手们说出相同的错误答案，以此观察真正的受试者是否会发生从众行为。

在多次实验中，超过一半的被试者至少有一次发生了从众行为。当实验中的受试者的判断与其他人都不相同时，会感受到一种隐形压力，这种压力可能会迫使他做出从众行为。

在生活中从众行为比比皆是。比如，在十字路口，如果看到前面一群人都在闯红灯，正在等绿灯的其他人可能不知不觉就会跟着一起闯过去。再如，有两家相邻的小吃店，第一家门前排起了队，第二家门口却没什么人，对两家店都不熟悉的人就可能会选择第一家，这就是从众心理的表现。

人们为了与大多数人保持一致，获得团体的接纳，避免自己成为特立独行的那一个，或者对自己的判断没有信心，都可能发生从众行为。从众行为意味着失去自己的判断和行为准则，盲目的从众行为有时会产生不良的后果。

心理启示

从众心理会让一个人丧失主动思考和判断的能力，丧失个性，扼杀自己的创新能力。一些从众心理可能导致严重的后果，比如在网络上发表从众言论，形成网络暴力，伤害他人。

对此，我们应避免在别人的观点中迷失自己，摆脱从众心理。

第一，学会拒绝，告诉自己不必"随大流"。

如果别人要求的事情超出了自己的能力范围，或者自己内心并不想去做某事时，要学会拒绝，告诉自己不必"随大流"，为了从众而让自己内心不舒服、不快乐，是一种得不偿失的行为。

第二，理智、独立地思考，坚定自己的判断。

遇事时，要理智、独立地思考，当自己的想法与大众不同时，要分析从众带来的后果，在对比、分析后，坚定自己的判断，选择适合自己的，避免盲目从众。

第三，评估自己的能力，做出符合现实的选择。

当众人的行为超出了自己的能力时，如果盲目从众，可能会让自己承担不可预料的后果。比如，为了与朋友们保持一致，进行超出自己能力的消费，可能会造成自己负债累累的恶果。在从众之前，要评估自己的能力，做出符合自身实际的选择。

# 定势效应

## 不要先入为主

　　在工作和生活中，人们一旦对某件事有了初步的看法或对某个人产生了第一印象，就容易先入为主，产生思维定势。之后的一些想法或看法都容易受到思维定势的影响，即便一开始的认知不全面或可能是错的，也很难改正。

## 效应解密

在心理学中，对定势的解释是：以前的心理活动会在心底产生心理准备或心理倾向，并对以后的心理活动产生影响。

定势效应就是指，人们的行为或思想容易受到既有信息或认知的影响，形成固定的思维模式。

人们对陌生人的第一印象常常难以改变，也是因为受到了定势效应的影响。

## 心理透视

从前，有一个农夫的斧头丢了，他怀疑是邻居偷的。自从心里埋下怀疑的种子，农夫就开始时刻提防邻居的一言一行，他觉得邻居的每一个动作、每一个眼神看上去都像是偷斧头的贼。过了几天，农夫在山林里找到了斧头，他再看邻居，觉得邻居的每一个动作、每一个眼神都跟贼没有任何关系。

故事中的农夫就是受到定势效应的影响，他认定邻居是贼之后，就先入为主，看到邻居的任何行为都当作邻居是贼的佐证，直到他找到了斧头，才确认邻居不是贼。

生活中，定势效应容易让人们看问题时戴上有色眼镜，从固定的角度看问题。比如，看到富人背一款名牌包时，就会觉得是真品，看到穷人背同款包时，就会觉得是仿品。

心理启示

定势效应带来的先入为主让人们产生思维定势。人们根据以往的经验来做出判断或决定，在某种程度上，它帮助人们节约时间，提高工作效率，但有时也会妨碍人们形成正确的判断，不利于创新和创造。在工作中，要时常打破定势效应，才能让工作有所突破。

第一，换个角度思考。

在思考时，不要沿用老的方法，换个角度思考，可能就能打破定势效应，实现创新。比如，换位思考，把自己想象成别人，站在别人的位置去思考问题，或者从相反的角度、从问题的反面去思考问题。

第二，倾听他人的意见或看法。

博采众议，多听取他人的意见或看法，就能发现新的思路或见解，有助于打破自己的思维定势。比如，可以虚心向朋友或同事讨教，也可以采取头脑风暴、团队讨论等方式促使不同的观点相互碰撞，从而产生新的创意。

# 刻板效应

## 不要想当然

　　人们常会根据自己以往的经验，对某一类事物形成一些个人评价或看法，形成刻板印象，比如，认为老年人思想陈旧，年轻人思想前卫，这可能会导致忽略个体差异，处理问题时犯想当然的错误。

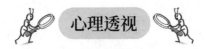效应解密

"刻板印象"一词由新闻传播学者沃尔特·李普曼于 1922 年首次提出，一经提出，它就受到了社会心理学领域从业者的广泛关注。

刻板效应，即刻板印象，是指人们在看待事物时，对某类事物形成特定的印象，从而忽视了个体差异。

刻板效应虽然从一定程度上能够帮助我们进行快速判断，节省时间，但是也会容易让人形成偏见，从而影响判断。

心理透视

王某从小学习打乒乓球，父亲看她球打得好，便想将她送到市队接受专业训练。市队的教练认为她个子矮，接球范围受限，以后难以有更好的发展，便没有接收她。

王某不服气，更加刻苦地训练，功夫不负有心人，在接下来省内组织的一次又一次赛事中取得了优异的成绩。

当王某凭借着之前的优异成绩申请进入省队时，省队中仍然有教练存在"个子矮打不好球"的刻板印象，拒绝王某加入省队，后来，在主教练的力排众议下，王某才加入了省队。

不服输的王某经过不断刻苦训练，在多次大赛中表现出色，向人

们证明了小个子也可以打好乒乓球，打破了人们的这一刻板印象。

这也说明，每个人都有自己的特点，群体的刻板印象并不一定适用于个人，用群体的刻板印象来看待个人，容易产生偏见，可能会让自己产生错误的认识，影响自己的判断。

心理启示

在工作或生活中，刻板效应容易让我们对事物进行机械的归类，把对某类事物的评价视为通用准则，这可能会影响我们的正确判断，因此应避免刻板效应给我们带来的不良影响。

第一，摒弃刻板思维，关注个体之间的差异。

世界上没有两片完全相同的叶子，人与人之间也存在着巨大差异。因此，在生活中，要运用多元思维，用心观察，通过深入沟通来了解每个人的个性、能力、兴趣等，避免"以偏概全"，不能仅根据别人身上的某一属性就下定论。

第二，审视自己，扩宽视野。

产生刻板效应通常源于我们对事物的真实性和全面性了解不足。要打破刻板印象，就要审视自己，同时拓宽视野，积极寻求多样化的经验，与不同文化、背景、职业的人互动，了解他们的生活习惯和思维方式等，进而理解事物的多样性，避免在刻板效应影响下对人或事物做出误判。

# 巨人影子效应

## 不要眼高手低

　　在工作或生活中，当别人指出你的缺点时，你有没有产生排斥心理，甚至拒绝承认自己的问题呢？

　　我们常常能看到自己的优点，却容易忽略自己的缺点，久而久之，容易形成眼高手低的习惯，这对自己是极其不利的。

效应解密

　　巨人影子效应指出，如果一个人自身具有某些优势，则会比普通人更难正视自己的不足，当别人指出自己的不足时，不是从自身寻找原因，而是极力否定别人的看法，从而导致无法全面、清晰地认识自己。

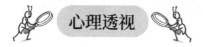

心理透视

　　有这样一个寓言故事正印证了巨人影子效应。

　　从前，有一个巨人，他十分魁梧能干，但是他有夜盲症，在光线不好的地方看不见东西。村民们原本跟着巨人一起过着农耕的生活，可是后来村民家里陆续开始丢东西，村民们纷纷猜测有小偷出没，并请求巨人帮忙抓住小偷。可巨人觉得自己身形高大，如果有小偷一定能察觉，但他没有发现任何陌生人的踪迹。一天晚上，一个村民恰好在巨人的影子里看到了一个侏儒，便直接指出侏儒就是小偷，但是巨人因为患有夜盲症，看不到侏儒，便否认了小偷的存在，还指责村民无中生有，后来，因为彼此失去信任，村民们只好都离开了巨人。

　　故事中的巨人因为自己身形高大，就眼高手低，无法正视自身存在的视力缺陷问题，最终导致村民们都离开了自己。

在生活中，很多人都可能会犯与巨人相同的错误，自恃能力超群，就无法接受别人的质疑，无法正视自己的不足，进而无法成为更好的自己。

心理启示

无论在生活中还是工作中，眼高手低都要不得，所以我们应竭力摆脱巨人影子效应的影响。

第一，降低姿态，正视自己的不足。

人无完人，每个人都有缺点，无论我们处于什么位置，都要认识到这一点，唯有降低姿态，才能看清自己的不足之处，全面地认识自己。

第二，认真思考他人的意见或建议。

当别人提出与自己不同的意见或建议时，不要着急反对，而要认真思考，客观地进行分析，这样不仅能帮助自己认识自身的不足，还有助于弥补不足，实现自我提升。

# 花盆效应

## 做人不要太"佛系"

　　当人长时间处于舒适的环境中时，就犹如待在温室中的花朵，一旦温室良好的环境消失，花朵直面风雨时，就很容易经不住打击。人也是如此，如果太"佛系"，一味地待在舒适区，可能无法经受社会的考验和磨炼，被现实击垮。

## 效应解密

　　花盆是一个受限的环境，花朵在花盆中生长，在人为创造的舒适环境下，得到了充足的阳光、水、养料等，花朵可以很好地生长、开放。但是一旦花朵离开了人的精心照顾，独自直面高温或严寒，就可能无法适应自然环境。这就是心理学上的"花盆效应"。

　　花盆效应，又名"局部生境效应"。花盆效应指出，人如果长期处于舒适的环境中，容易安于现状，不思进取，久而久之，当面对困难时，就会产生惧怕心理，无法适应困难，导致自我的竞争力下降。

　　花盆效应还会影响人对自我的调节能力，长期处于安逸的环境中，人就容易产生惰性，形成拖拉的习惯，从而导致对自我的调节能力变差。

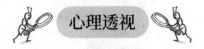

## 心理透视

　　张某毕业后进入一家科技公司工作，该公司薪酬高，福利好，张某对各方面都很满意，在该公司一待就是好几年。由于公司业务上没有调整，因此张某的技术水平始终维持原样，没有提高，而张某也逐渐习惯了公司舒适的状态。

　　随着市场竞争的日益激烈，公司也开始面临着各种挑战。由于长期处于安逸中，公司的员工缺乏竞争力，在尝试几次创新转型无果后，该公司逐渐被市场淘汰。

失业后的张某终于意识到，之前安逸的工作状态已经让他失去了竞争力，他不得不重新开始学习，努力提高自己的专业技能。

这个实例告诉我们，人正如花盆中的花朵一般，如果一直活得太舒服，那么一旦舒适的环境消失，就可能无法适应。战国时期的思想家孟子曾说过："入则无法家拂士，出则无敌国外患者，国恒亡。然后知生于忧患而死于安乐也。"这与花盆效应所表达的道理不谋而合，人如果在安逸的环境中待久了，就容易失去自我竞争力。

花盆效应让我们对安逸的环境提高警惕，那么如何才能打破花盆效应呢？

**第一，建立长远目标，不断努力和学习。**

《论语》有云："人无远虑，必有近忧。"建立长远的目标，为了目标不断努力和学习，这样既能克服自己的惰性，又能避免自己困于安逸、舒适的环境当中。

**第二，积极思考，保持好奇心。**

在工作和生活中，要积极思考，保持好奇心。保持对世界的好奇心，不断探索新事物、了解新知识，凡事多问几个为什么，激发学习的欲望，让自己与时俱进，不至于被社会淘汰。

# 贴标签效应

## 坚定自我，拒绝他人"贴标签"

　　在工作或生活中，你曾经被贴过标签吗？"×××做事拖沓""×××不修边幅"，这些定位或评价都是一种隐形的标签，如果一个标签在同一个人身上多次使用，这个标签就会形成一种牢固的印象，让人难以摆脱。

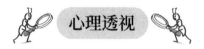

效应解密

贴标签效应，也称为"暗示效应"。贴标签效应是指，人们一旦被贴上某种标签，就会受到标签的影响，向标签暗示的方向发展，成为标签所指向的人。贴标签效应会对一个人的自我意识产生强烈影响，严重时，会导致一个人失去信心，自暴自弃。

心理透视

在第二次世界大战期间，美国政府为了获得更多的力量，准备组织监狱的犯人上前线打仗。但是这些犯人并没有经过训练，如何让他们英勇战斗成为美国政府面临的巨大难题。美国政府只好求助于心理学家。

心理学家没有通过演讲或说教的方式来动员这些犯人，而是让这些犯人给家人写信，信的内容由心理学家提前拟好，传递的是犯人在狱中服从命令、表现良好的信息。犯人们上了战场后，心理学家继续要求犯人们给家人写信，内容同样提前拟好，传递的则是犯人在战场上英勇无畏、奋勇抗敌的信息。令人惊讶的是，这些犯人们的表现果然如信中所写一般。而这正是贴标签效应的作用。

人们一旦被贴上标签，心理上就会受到标签的影响。积极、正面的标签或许能敦促一个人积极上进，但消极、负面的标签却可能会让一个人更加沉沦。无论是哪种标签，都会影响人们的自我认同。

 心理启示

贴标签效应对人心理的影响是十分明显的，因此在工作和生活中应合理使用贴标签效应。

第一，用积极的标签实现自我激励。

自己为自己贴上如"勤奋""努力"等积极的标签，就是在给自己积极的心理暗示，这能实现自我激励和自我提升，帮助自己实现目标。

第二，拒绝他人给自己贴标签。

他人为自己贴标签，无论是积极的还是消极的，都容易让自己受到束缚，限制自身的潜力，因此要勇敢、坚决地对他人给自己贴标签的行为说"不"。

# 第三章

# 优秀的人从不画地为牢

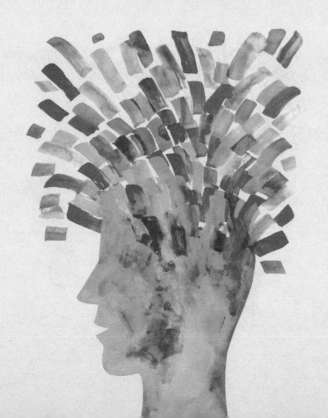

优秀的人总在不断地突破自我，而不会被惯性思维、负面情绪、外在流言等左右，他们自信果断，斗志昂扬，从不会为自己的能力设限。这样的人，总是目标明确地奔赴在前往星辰大海的道路上，拥有精彩而充实的人生。

　　如果你也想成就更好的自己，不妨从相关心理学效应中汲取智慧，去开启全新的自我成长之路。

# 鸟笼效应

## 别成为惯性思维的奴隶

　　很多人被心中无形的"鸟笼"束缚了自己的生活，活得越来越累，越来越无奈。想要避免成为惯性思维的奴隶，我们就要勇敢地丢弃那个困住我们的"鸟笼"，一身轻松、大步流星地迈向自己的未来。

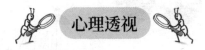

鸟笼效应是著名心理学现象之一，又被称为"鸟笼逻辑"。这一心理学效应由美国心理学之父威廉·詹姆斯发现并提出。

所谓鸟笼效应，指的是如果一个人偶然间得到了一个精致的空鸟笼，那么他大概率不会扔掉这个鸟笼，而是会为了这个鸟笼去购买越来越多的物品，比如一只宠物鸟、饮水器具、鸟食等。为了原本并不需要的物品去接二连三地购买、添置更多不需要的物品，我们生活中的负累就会变得越来越多。

1907 年，威廉·詹姆斯与好友卡尔森一同隐退，过起了退休生活。有一天，詹姆斯信誓旦旦地对卡尔森说，自己一定会让卡尔森养上一只鸟。可卡尔森却自信地表示，自己绝无养鸟的打算。詹姆斯听罢微笑不语，几天后，詹姆斯给卡尔森送来了一只漂亮的空鸟笼。卡尔森欣赏着詹姆斯送来的鸟笼，虽连声称赞其精致、完美得像一件工艺品，心里却暗笑詹姆斯多此一举、白费心机——鸟笼再漂亮，他也绝对不会真的去养鸟。

空鸟笼被卡尔森随手放置在书桌旁。随后的日子里，令卡尔森颇感困扰的是，但凡亲朋好友来家中拜访，看见空荡荡的鸟笼，总会向他询问笼中鸟的去向，并自顾自地猜测究竟是飞走了还是病死了。为此，卡尔森不得不一再解释，自己并未养鸟，鸟笼是他人赠送的礼物。客人听了，脸上却大多是将信将疑的神情。

时间久了，卡尔森不厌其烦，终于忍不住买了一只鸟装入笼中，继而又添置了栖杠、鸟食罐等物品。詹姆斯得知此事后内心很是得意，他的话最终应验了。

詹姆斯和卡尔森之间发生的这件小趣事撞开了心理学领域新效应的大门，鸟笼逻辑从此成为心理学研究热点之一。

为什么在一个空鸟笼的驱使下，人们会自觉或不自觉地去添置一系列看似有价值但其实对生活并无太多用处的物品？这其实是惯性心理在作祟。人们普遍认为，空鸟笼的存在似乎是不合理的，鸟笼就得用来养鸟，因此，故事中前往卡尔森家拜访的客人们见到空鸟笼都会习惯性地询问一句："您的鸟去哪里了？"而卡尔森最终迫于某种心理压力，不得不去附和人们的思维定势。

鸟笼效应在现实生活中随处可见，比如为了一副精致的耳环去购买昂贵的项链、纱巾、发饰，乃至换掉衬衣、外套、下装、鞋子、背包等，付出的越来越多，生活也一再被打乱。

心理启示

当我们逐渐成为空鸟笼的"奴隶"，一来人生会被外在的欲

心理学效应：人生的自我掌控力

望套牢，幸福将变得遥不可及；二来我们很容易受到外在意见的左右，无法集中精力去实现真正的目标。更重要的是，在这种思维定势的限制下，我们的想象空间被一再压榨，创造力也被剥削，整个人将变得越来越刻板守旧，最终离优秀的自己越来越远。

第一，打破惯性思维，多维度、多层次思考问题。

想要打破惯性思维，就要转换看待问题的角度，多维度、多层次地思考问题，逐步提高逻辑思维能力，以跳出固有的思维方框。

在日常生活中，可展开这样的训练：当一个问题发生时，先不急着得出结论，而要尝试着避开正面，从侧面、反面去思考问题的起源，推测其发展的脉络，并转换立场，代入其他人的身份，全方位地去思考问题。经过一番缜密的分析，问题的全貌将变得越来越清晰，我们也越容易摆脱惯性思维的限制。

第二，关键时刻懂得取舍，学会断舍离。

我们之所以会成为空鸟笼的"奴隶"，一开始是因为我们不舍得扔掉这个看似华丽实则对我们的人生并无太多帮助的空鸟笼。正如行走在人生的路途中，我们可能会遇到一个个看似潜力无穷实则会拖累我们前进脚步的"机遇"，学会分辨真正有价值的机遇并及时舍弃那些并不适合我们的道路尤为重要。关键时刻懂得取舍，学会断舍离，才能目标坚定、一身轻松地奔赴未来。

第三，学会屏蔽他人的看法，不被物质欲望所左右。

很多人之所以会活得累、活得沉重，是因为太在意他人的目光、他人的意见，为了获得他人的认可与肯定，他们没完没了地追求物质，用物质去武装自己，可生活也因此而变得越来越空虚。

我们唯有学会屏蔽他人的看法，不被物质欲望所左右，才能听清自己内心的声音，成为自己行为的主人，也因此才能走得更快、更稳、更踏实、更有动力，最终获得自己真正想要的人生。

# 踢猫效应

## 迁怒于人不可取

　　孔子说："不迁怒，不贰过。"如果我们不能正确地应对自己的负面情绪，却总在因遭遇不如意而满腹愤怒、委屈的时刻不停地抱怨，习惯性地迁怒于人，那我们就中了踢猫效应的圈套，进而无法摆脱坏情绪和负能量的控制。

效应解密

在心理学上，踢猫效应指的是一种因负面情绪的不断传递所引起的连锁反应。一般而言，社会或家庭地位较高的人站在这条情绪传递链的上端，主动散播负面情绪，地位较低的人处于传递链的下端，被动承受负面情绪，再主动散播给下一级的人，就这样层层传递、层层压榨，最终令最底层的人成了不良情绪的受害者。

生活实践一再证明，利用迁怒他人、转移情绪的方式去泄愤，最终只会扩大问题、激化矛盾，给自己和他人带来更多的麻烦。

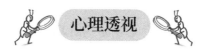

心理透视

提起踢猫效应，人们总会想起这样一个小故事：一位父亲白天上班时因业务开展不顺而受到了上司的责骂，他心里憋了一肚子的气，始终无法平复情绪。下班时，他精疲力尽地回到家中，见孩子玩闹个不停，忍不住对孩子破口大骂。孩子委屈得哇哇大哭，气呼呼地狠狠踢了旁边的猫一脚。猫受了惊，猛地跳出窗外，逃窜到街上，一辆卡车正好路过，司机见状，一边破口大骂一边猛打方向盘，却不可控制地撞向了路旁的行人……

坏情绪是会传染的，在竞争激烈、生存压力巨大的现代社会，很多人不可避免地成为这条情绪传递链上的一员，要么被"踢"，要么主动去"踢"别人。生活中，这样的案例比比皆是：受到上司的刁难，就将一肚子怨气发泄在下属的头上；在工作中受了委屈，回家后就对着伴侣、孩子大发牢骚，骂骂咧咧……最终那个社会地位最低、无力发泄的人成为最后的受害者。

远离踢猫效应，我们的生活才会变得美好、顺利。要知道优秀的人之所以优秀是因为他们在问题发生的当下，第一反应永远不会是迁怒他人、宣泄情绪，而是就事论事、解决问题。

心理启示

踢猫效应所产生的负面影响是我们无法预料的，每个人都可能成为这一心理效应的最终受害者。生活中，我们要警惕成为不良情绪传递链的一环。

第一，及时叫停不良情绪，打破不良情绪传染链。

很多人将不良情绪宣泄在比自己弱小的人或物身上，事后又会觉得后悔，可下一次心里不痛快的时候还是会习惯性地迁怒于人，这就陷入了一个恶性循环。与其任由不良情绪肆意蔓延，不如努力打破这一情绪传染链，避免他人成为你的"出气筒"。

当你在生活或工作中被批评、责怪的时候，尝试这样去叫停不良情绪：深呼吸，保持冷静；从对方的指责中摘取关键信息，过滤那些情绪性的话语；反省自己的错处，总结经验。当你用理性的态度去对待负面情绪的时候，负面情绪不知不觉间就会消失得无影无踪。

第二，与其乱发脾气，不如第一时间处理问题。

不良情绪往往是伴随着问题一起产生的。与其陷入坏情绪里，四处散播负能量，不如集中精力，努力去解决问题。第一时间处理问题，比乱发脾气重要得多。

当积极转换心态，将所有的注意力都放在问题上的时候，坏情绪与负能量都将被不知不觉地屏蔽。很多时候，也正因及时解决问题，才阻止了事态的扩大，避免了更多的损失。而在这一过程中，你的应对能力、决策能力和管理情绪的能力都将有所提升。

第三，实现压力管理，做情绪的主人。

虽然每个人在社会中扮演的角色不同，但都或多或少地承受了来自外界的方方面面的压力。过度的压力将极大地危害到人们的身心健康，唯有学会压力管理，做情绪的主人，才能自由掌控自己的生活。

疏导压力、掌控情绪的方法有很多，比如采取运动、冥想的方式去放松身心，调动积极情绪；通过写日记的方式去记录、宣泄不良情绪，从而减缓压力；通过旅行的方式去暂时抛掉烦恼，为自己增添更多新奇、快乐的体验，从而更好地调整心态；等等。

# 皮格马利翁效应

## 发掘潜力，期待奇迹发生

很多人都有过这样的体验：当我们迫切地期待着、相信着什么，往往就能实现什么或得到什么。这恰恰印证了皮格马利翁效应。

想要获得成功，不妨对自己想要的未来保持长久的、热切的期望，这种期望能帮助我们最大限度地发掘潜力、实现价值。

效应解密

　　有这样一则寓言故事，有位年轻的国王叫皮格马利翁，他生性浪漫，感情充沛。皮格马利翁曾将一根质地细腻的象牙雕刻成一尊少女像。少女像完成后，望着手中的杰作，皮格马利翁心中溢满了幸福。他凝视着少女精致的面容，纤细的脖颈，不由许愿道：如果她能活过来，我一定要与她结为夫妻，携手到老。

　　从那以后，他日日端详着少女像，心中始终饱含着期望。终于有一天，这尊少女像真的活了过来，成了一个真正的少女，她与皮格马利翁结为夫妻。

　　这种因为真诚期待而取得美好（或糟糕）结果的现象，被称为皮格马利翁效应，又叫"罗森塔尔效应""毕马龙效应"等。这一心理学效应由美国心理学家罗伯特·罗森塔尔等人研究证实并提出。

　　皮格马利翁效应在生活中屡见不鲜。那些对未来充满信心，对成功充满渴望的人总是能挖掘出自己的潜力，淋漓尽致地发挥自己的才能，并顺利地跨越高山和荆棘，拥有属于自己的一片天空。

心理透视

　　美国心理学家罗伯特·罗森塔尔等人曾以旧金山的一所普通小学里的学生为实验对象，开展了一项著名的实验。

实验开始后，罗伯特·罗森塔尔等人先是在每一年级中都抽选出三个班，并对抽选的班级学生进行了素质考评、未来发展情况测试。最后，罗伯特·罗森塔尔将测试结果——一份"潜力最大、最有发展前途"的学生名单发给了校长和这些班级的相关教师，反复叮嘱他们务必要对测试结果保密。

实际上，这份名单上的学生是罗伯特·罗森塔尔从总名单中随意挑选出来的，所谓的素质考评、未来发展情况测试也只是走走过场而已。然而，大约一年后，罗伯特·罗森塔尔与助手回到该学校进行调查时发现，这份名单上的学生在学习上都有了不小的进步，他们平日里学习勤奋、求知不倦，综合表现远远超过其他学生。

心理学家胡诌的一份"潜力最大、最有发展前途"的学生名单，为什么真的带动了这些学生的进步，令他们离优秀与成功越来越近？原来，当心理学家将这份名单交给校长和相关教师后，他们对名单上的学生有了更多期待，并深信这些学生将拥有美好的未来，而在教师们的关注、期待与鼓励下，这些学生变得越来越积极，越来越努力，越来越自信，宛如焕发新生。

真诚的鼓励与热切的期望往往能增强一个人的内驱力，使人向更好的方向发展，这就是皮格马利翁效应的正面影响。

同时，皮格马利翁效应也告诉我们：如果一个人对自己的未来深信不疑，哪怕身处逆境也能乐观、从容地应对，孜孜不倦挖掘自身的潜力，那么奇迹真的有可能发生，好运也会慢慢降临。

现实生活中，我们要善于发挥"皮格马利翁效应"的积极作用，屏蔽其消极作用，利用这一心理学效应去助力自己更快抵达成功的彼岸。

第一，靠近那些真诚赞美你的人。

生活中，我们总会遇到喜欢或讨厌我们的人。与其过分在意那些讨厌我们的人的看法，不如主动去靠近那些喜欢我们的人，接受他们真诚的鼓励和赞美，以得到更多的自信。而在自信心的加持下，我们也能游刃有余地发扬自己的优势，成就更好的自己。

而对于那些不喜欢我们的，总是随意打压、贬低我们的人，我们要尽量远离，并学会屏蔽那些轻率、负面、偏激的评论。

第二，给予自己积极的心理暗示。

心理暗示就像是一种自我催眠，为了让自己变得更优秀，我们在日常生活中要停止抱怨，少使用否定句、疑问句，多使用正面的语言，给予自己积极的心理暗示。比如，时常告诉自己"我能行""我很棒""只要努力，我一定能得到自己想要的生活"。

在遭遇挫折的时候，千万不要过分强调负面信息，而要着重分析对自己有利的条件，给予自己积极的心理暗示。我们越是努力地挖掘自己的潜力，对自己和未来越是充满信心，脱离困境的概率就越高，奇迹发生的概率就越大。

**第三，始终保持对自我的合理期待。**

无论是在学习中还是在工作中，我们都要始终保持自我期待，当然，期待不能过高，脱离实际的期待是很难实现的，一旦落空反而会令我们陷入更被动的境地，使我们变得更消极沮丧。

符合现阶段处境的、合理的期待一方面能调动我们的积极性，令我们向着更好的未来迈进，另一方面也能提高我们的自主觉察意识，令我们始终对自己的现状有清醒的认识，并由此出发，积极地改正缺点、弥补不足，让自己一点点变得强大、优秀起来。

# 共生效应

## 近朱者赤，近墨者黑

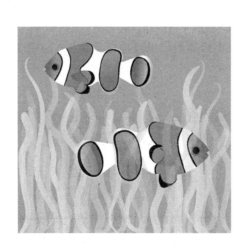

　　无论是在自然界还是人类社会中，共生关系都是屡见不鲜的。聪明的人都明白独木难成林的道理，学会与优秀的人同行，建立健康、良性的共生关系，才能走得更稳、走得更远。

效应解密

共生效应是心理学常见效应之一，应用广泛。

在自然界中，不同物种间的互利、共生是一种常见的现象，当生物学家观察到自然界中的共生现象后产生了浓厚的兴趣，并展开深入的研究。1879年，德国真菌学先驱之一的德贝里第一次提出了共生的概念。而在研究的过程中，人们发现，共生现象不只存在于自然界的生物之间，它同时也是一种社会现象。随后，共生概念被引入人类社会学、心理学等领域，并引起广泛的关注。

所谓共生效应，指的是在某一群体中，成员之间因相互影响、相互推动、相互启发而取得长足进步的一种现象。利用共生效应，能让人的潜能最大限度地得以发挥，产生 $1+1>2$ 的效果。

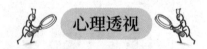

心理透视

在大海里，海葵和小丑鱼是一对形影不离的好伙伴，海葵保护小丑鱼免受其他鱼类的攻击，还提供触手给小丑鱼筑巢、产卵，同时海葵也会将吃剩的食物毫不吝啬地与小丑鱼分享。

在海葵的庇护下，小丑鱼生活得很是滋润。当然，小丑鱼的存在对于海葵而言也有着莫大的好处。海葵是生活在水中的一种无脊椎食肉动物，小丑鱼在海葵的身体间自由穿梭，能吸引大小鱼虾蜂拥而至，海葵就可伺机捕食。可以说，有了小丑鱼的帮助，海葵捕食成功的概率大大增加了。而且，小丑鱼在海葵身体间急速、频繁地游动能帮助海葵去除身体上的坏死组织及寄生虫。

海葵与小丑鱼是自然界中共生关系的最好的例证。处于共生系统中的成员都会因"共生"而彼此获益。

然而，需要警惕的是，共生效应背后也藏着福祸相依的逻辑。也就是说，利用共生效应，不只会产生"相互促进、彼此成就"的健康正向的关系，还可能会产生"互相牵制、互相拖累"的负面、不健康的关系。一旦陷入这种负面关系中，人生将每况愈下。

所谓近朱者赤，近墨者黑，想要避免这种情况的发生，就一定要建立良性、正向的共生关系，让自己朝着理想的方向发展。

建立良性、正向的共生关系，能帮助我们获得更多来自外界的支持，也能令我们见贤思齐，向着那些真正优秀的人奋起直追、努力靠近，从而逐步实现人生的逆袭。

第一，摆脱低质量的社交圈，选择与优秀的人同行。

荀子曾说："蓬生麻中，不扶而直；白沙在涅，与之俱黑。"我们想成为什么样的人，就要竭力靠近那样的人。如果我们总是处于低质量的社交圈中，被身边那些不思进取的人影响、同化，慢慢就会失去奋斗的勇气与决心，变得得过且过、浑浑噩噩。

相反，如果我们选择靠近、融入高水平的群体，与优秀的人同行，并以他们为榜样，努力向他们学习，我们的眼界就会变得越来越宽阔，格局也会变得越来越大，也才更容易成就更好的自己。

**第二，懂得合作共赢的道理，学会借力。**

真正厉害的人，都深谙合作共赢的道理，毕竟在社会分工越发精细的现代社会，靠单打独斗是很难站稳脚跟的，即使天赋再高、潜能再大的人，也需要借助他人之力才更容易成就一番事业。

在现实生活中，我们要善于融入群体之中，积极与周围的人沟通、协作，努力寻求他人的鼓励和支持。记住，唯有善于合作、学会借力，才能决胜千里，始终立于不败之地。

# 懒蚂蚁效应

## 你以为的并不一定正确

　　蚁群中，20% 的懒蚂蚁看似终日游手好闲，无所事事，实际上它们在蚁群中的地位是不可替代的，总能在蚁群面临危机时发挥关键作用。懒蚂蚁效应告诉我们，如果我们能够透过表面现象看穿事物的本质，脱离低效努力的怪圈，努力增强核心竞争力，就能拥有更充实、更精彩的人生。

效应解密

如果我们注意观察蚂蚁的行动，会发现这样一种现象：当大部分蚂蚁排着长队，勤勤恳恳地外出寻找、搬运食物时，小部分蚂蚁却毫无目的地东逛西逛，肆意消磨着时间。

实际上，这些懒蚂蚁并不是在逃避劳动，而是扮演着环境侦察兵的角色，而少数的懒蚂蚁所创造的价值甚至可能超过绝大部分辛勤劳动的蚂蚁，这就是著名的懒蚂蚁效应。

心理透视

日本北海道大学的进化生物研究小组曾以特定数量的黑蚂蚁为实验对象，展开了一个经典的实验。实验中，研究小组成员发现，绝大多数蚂蚁分工明确，始终勤勤恳恳地做着分内工作，几乎没有停歇的时候，而少部分懒蚂蚁却总是无所事事。

面对这些游手好闲的懒蚂蚁们，研究小组成员陷入了沉思，他们想出一个好办法，先是在懒蚂蚁身上做了特殊的标记，再将原先提供给蚂蚁的食物转移到另外的地点。失去了食物来源的蚂蚁们陷入了慌乱中，可令人惊讶的是，原先那些懒蚂蚁却挺身而出，带着小伙伴们找到了新的食物来源，之后，整个蚁群也恢复了秩序。

通过这一实验，人们才发现懒蚂蚁的作用，原来 20% 的懒蚂蚁在整个蚁群中竟然占据着如此重要的地位，可以说，一个团体中若缺少了这些懒蚂蚁，整个团体的工作都将陷入困境中。

懒蚂蚁看似悠闲却"身怀绝技"，这一点超出了很多人的认知。做人也应当像懒蚂蚁一样，要站在全局高度去思考问题，要明确自己的能力，争取做个事半功倍的人。

**第一，看清事物的本质，不被表面现象所蒙蔽。**

看人看事，如果只看表面现象，主观去臆测或片面地去分析问题，就很容易陷入认知盲区，得出与事实背道而驰的结论。毕竟我们以为的并不一定是正确的，如果我们不去擦亮双眼、细心观察、全面分析，就很可能被"懒蚂蚁"表面的"懒"所蒙蔽。

生活里，那些能看透事物的本质的人更容易抢占先机，从而比他人更早地从激烈的竞争中脱颖而出。

**第二，懂得"如何做"和"做什么"，避免低效努力。**

聪明的人从来不会毫无目的地瞎忙，在真正投入一件事情之前，他们首先会思索这样一个问题："如何做""做什么"才能更快地达成目的。所以，工作中不要盲目努力，只有经过深度思考后再去行动，才能显著提高效率，并在关键时刻一鸣惊人。

第三，积极蓄力，努力增强核心能力。

20% 的懒蚂蚁能够在蚁群陷入危机的时候挺身而出，带领蚁群寻找到新的活路，这一点足以证明，在关键时刻，懒蚂蚁的价值可能将超过其余蚂蚁。在工作中，我们不妨像"懒蚂蚁"一样，在平日的生活、工作中积极蓄力，努力增强自己的核心能力，提高自己的不可替代性。

首先，要明确自身的职业发展方向、优劣势，并以此对自己进行精准的职业定位。其次，在此基础上明确自己需要掌握的核心技能，比如沟通能力、管理能力、信息技术能力等。最后，充分利用身边有效的学习资源、渠道去增长能力，取得进步。

# 流言效应

## 保持理性，不信谣不传谣

　　谎言被重复一千遍就会变成"真理"，而流言就是在重复这一千遍的过程中变得愈发可怕。自古以来，便有"人言可畏"的说法，不实的言论和伪造信息会给人们的认知造成巨大的限制。正因如此，我们更要谨慎对待流言效应。

效应解密

流言效应是指流言对个体心理及行为产生影响的现象，因为流言一般都是流传于外界毫无根据的说法，因此流言效应造成的影响往往是负面和消极的。

流言效应始于认知偏差，最初可能只是由一个平淡无奇的事实演变而来，在传播过程中，受传播者理解能力、表达能力以及个人兴趣、态度和期望的影响，甚至被好事者添枝加叶，被别有用心者恶意篡改、断章取义、混淆是非，乃至于颠倒黑白，最终扰乱视听，进一步加重听众个体的认知偏差。

流言效应不仅影响个体认知，对个体获取正确有效的信息造成困难，还会影响他人，造成不利的信息环境，给社会造成混乱。

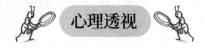

心理透视

曾参是孔子的弟子。有一次，有个和他同名的人杀了人，有人跑去告诉曾参的母亲说曾参杀人了，曾母不信，不久后又有人再度告知，曾母还是不信，可第三次来人告知曾母曾参杀人的消息时，曾母却相信了。

这个故事说明，屡次接收到相同的来自不同人的讯息，往往会使人信以为真，因为众说足以混淆是非和真伪，即所谓的"众口铄金"。

连曾参这样的大儒都可能陷入流言风波，而且受其影响的人还是了解他的母亲，足见流言的鼓动性是多么可怕。事实上，古今中外，比曾参杀人更加离谱的流言事件比比皆是，许多听起来荒诞离奇的言论和信息，都可能被许多人盲目相信而引起各种不良后果。

流言之所以会产生巨大的影响，一般与以下几种情况有关：

第一，当流言涉及的内容与个体具有一定利害关系时。

第二，周边环境氛围给个体造成紧张和不安的感觉时。

第三，流言核心涉及某个社会热点人物时。

第四，个体存在认知偏差时。

第五，个体或群体存在惯性思维或偏见时。

心理启示

流言止于智者。我们要避免受到流言的蛊惑，努力识破信息的真假，洞穿流言的伪装。

**第一，避免从众，对自己的言论负责。**

许多流言之所以能轻易传播，是因为很多人在面对流言时盲目从众，人云亦云。

想要破除流言效应，我们首先要做到不信谣不传谣。即对生活中接收到的信息保持警惕，以严谨的态度证实信息的可靠性之后再传播，对于那些自己不能确定真假的信息，宁肯不传播，让流言止于自己。

第二，保持冷静，扑灭流言。

如果我们自身被卷入流言中，一定要全程保持冷静，而不能在听到与自己有关的不实消息的当下慌了手脚，乃至破口大骂、哭诉吵闹，这只会给别人留下脾气急躁、情绪不稳定的坏印象。

理智的做法是，第一时间找到流言的源头，积极扑灭流言。事后也要反思平日里自身做得不周到的地方，修正自身，并总结经验，向着更好的自己迈进。

第三，做好信任背书。

在职场或日常生活中积极组建自己的信息传播圈子，团结更多具有公信力的人物并积极与他们互动，用信任背书的方式去增强自身的公信力，这是远离流言圈的较好的办法之一。

# 跳蚤效应

## 别为自己的能力设限

　　如果一个人不敢追求成功，在实现梦想的道路上连连否定自己，那么将很难施展自己的才华，发挥自己的潜力，大概率只能拥有庸庸碌碌的人生。所谓"心有多大，舞台就有多大"，突破跳蚤效应，勇敢地去超越自己，才能拥有梦寐以求的人生。

效应解密

有人曾经对跳蚤的跳跃能力进行研究，发现跳蚤可以纵向跳跃1.5米，这相当于它们自身长度的500～3000倍。不得不说，跳蚤的跳跃能力是一个奇迹。但是，当科学家将跳蚤放在一个一米高的罐子里盖上盖子，过一段时间，即使拿掉盖子，跳蚤也已经无法再跳到一米以上的高度了。这种默认了较低目标，而后限制了自身实际能力的现象，就是跳蚤效应。

心理透视

关于跳蚤效应，有这样一个故事可以佐证。

从前，有三个水泥匠用水泥砌墙，有人分别询问他们在做什么，其中一个人不耐烦地说自己在砌墙，另一个人则愁眉苦脸地抱怨说自己在赚钱，只有第三个人满怀希望地笑着回答说自己是在建造世界上最有特色的建筑。后来，前面两个水泥匠一生碌碌无为，第三个水泥匠却成了一名建筑师。

前两个水泥匠与第三个水泥匠的区别在于，他们对自己所从事的职业存在认知高度上的差距。

第三个水泥匠之所以能够取得高过另外两人的成就，是因为在对自身从事职业的认识上，第三个水泥匠认为自己是在建造世界上最有特色的建筑，这几乎是一个没有上限的高度，在这样的理想高度下，他对自己的职业满怀期待，认为自己是前途无量的，相比另外两人，会更有动力和激情去发展和发挥自身的职业能力。正因如此，他更清楚自己砌的每块砖以及砌墙这个小目标同未来一座宏伟建筑之间的关系。

现实生活中，如果我们和第一、第二个水泥匠一样，在学习和工作的过程中畏首畏尾、踌躇不前，惯于从心理上给自己设置一个跨不过去的高度，那就注定将走入一个死胡同，很难取得进步。

与此相反，如果我们和第三个水泥匠一样，对自己、对未来充满信心，同时努力做好当下的工作，永远积极向上，那就极有可能摆脱平庸，迎来自己想要的人生。

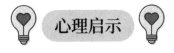

有句话说得好："态度决定高度。"我们要突破跳蚤效应带来的思想束缚，不断地去挑战自己，这样才能一步步攀登上人生的高峰。

第一，别用自我否定去限制自己的能力。

生活中，太多人喜欢将"我不行""这对于我而言太难了"挂在嘴边，他们永远在否定自己的能力，永远在给自己的未来设限。

实际上，你越是贬低自己，就越会朝着这个方向发展。不妨自信一点，给自己多一点信心和鼓励。即使自己"现在不行"，也要坚定地认为，将来一定行，当你勇敢地跳出否定思维后，你会发现自己的未来有着无限种可能。

第二，保持热情和野心。

优秀的人在生活中总能保持热情，永远斗志昂扬地奔赴在追寻梦想的道路上，对未来，他们野心十足，有想法、有干劲，也更容易收获成功。

热情能点燃兴趣的火焰，野心则是源源不断的动力的来源。缺乏热情和野心，我们做事就会后继乏力，也无法真正发挥自身的潜能。如果我们也想品尝成功的喜悦，就要做一个对生活、对未来充满热情和野心的人。

第三，勇敢地去做，而不是空想有多难。

如果你想骑车旅行，在采购装备、做足准备后，就要勇敢地上路。真正有价值的经验，都是实践换来的。大多数平庸者之所以平庸，不是因为自身能力或考虑不足，只是因为缺乏迈出第一步的勇气。做一件事之前先别想有多难，想太多只会束缚住自己，先行动起来，再结合实际情况一步步解决难题。

# 第四章

# 高情商者不会被爱所累

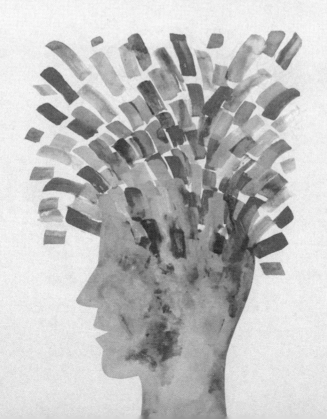

在我们的周围，总有这样的人，他们善于分析恋人或爱人的心理，并能根据对方的心理需求给出恰到好处的回应，表现出惊人的高情商，成为两性关系中的主导者。

如果你也想成为两性关系中的高情商主导者，而不是在两性关系中犹豫不决、猜来猜去、被爱束缚，那么就有必要了解一些相关的心理学效应。

# 首因效应

## 第一印象很重要

　　两个人从陌生到熟悉，总会对第一次正式见面印象深刻。即便之后彼此之间发生过很多重要的事情、有过许多共同的回忆，但第一印象很难从记忆中抹去。

　　第一印象很重要，第一印象不仅会影响人们当下的关系，还会持续影响人们之后的相处。

效应解密

首因效应又称"首次效应""优先效应""第一印象效应"，由美国社会心理学家洛钦斯在 1957 年提出。

交往双方在第一次接触时，会在大脑中留下对于对方深刻的第一印象，这种"先入为主"的第一印象，会影响之后的再次接触和相处，这就是首因效应。

当和交往对象第一次正式见面时，对方会根据对你的第一印象给你"贴标签"，比如幽默、高冷、细心、偏执等，而且在之后的接触中，被贴上的"第一印象标签"将很难被撕下来。

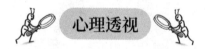
心理透视

关于首因效应，有一个重要的实验。心理学家为一个面无表情的人拍摄了一张照片，然后拿着照片给两组人看，对第一组人说，这是一个罪犯，对第二组人说，这是一个科学家。而后两组人对照片中的人的外貌和性格做出了截然不同的评价，一组认为他的眼神充满了杀气，而另一组则认为他的眼睛深邃而睿智。这就是首因效应的表现。

人们在接收信息时，总是更倾向于接受最开始的信息，并习惯性地用后面接触的信息去解释、印证前面的信息，这就是首因效应带给人们的心理暗示。当人们根据最先接触的信息形成第一印象后，不管这个第一印象是好是坏，都会形成心理定势，很难再改变。

首因效应在两性关系中有着广泛的应用。当你和对方第一次约会见面时，如果你很重视这次约会，那么不妨抓住第一次见面的机会，多观察、多沟通、重视细节，给对方留下一个好印象，为日后进一步交流和交往奠定良好的基础。

第一，重视仪表仪态和言谈举止。

相信绝大多数人不会愿意和一个邋遢、不修边幅的人交往，所以请在第一次见面时重视自己的仪表仪态和言谈举止。

干净整洁、得体（与身份、场合相符）的穿着和配饰，会给对方留下好印象，包括妆发、走姿和坐姿、对餐厅服务员的态度和谈吐等，都会成为对方观察和评判你的参考内容。

第二，让自己尽量表现得友好、健谈一些。

绝大多数人会喜欢和友好、外向、大方的人交往，所以在第一次和对方见面时，应尽量表现得友好、健谈一些，不要让对方产生距离感，或者让双方的交谈陷入"冷场"，这会让场面变得很尴尬，也会让对方认为和你没有共同语言，会对是否继续交往下去存疑。

第三，做好功课，投其所好。

在正式见面之前，先了解对方的一些相关信息，然后在见面时送对方一个贴心的见面礼，或者在双方交谈中讨论对方感兴趣的话题，那么对方也会乐意倾听，或对你敞开心扉。

# 吊桥效应

## 你的心动也许是假象

　　在两性关系中，如何来判断对方是不是你所要找的那个"对的人"呢？对方对你的友好行为，或者对方留给你的印象是不是真实客观的呢？借助吊桥效应，认真分析你在与对方交往过程中所处的环境、所经历的事情，或许能帮你找到答案。

效应解密

吊桥效应是指当一个人走上高高的吊桥时，往往会心跳加速，如果这时遇到另一个异性，那么过桥者可能会将心跳加速的原因归结为对遇到的人产生心动，而不是对过吊桥感到害怕，这种错误的判断会导致过桥者对遇到的人产生爱慕之情。

简单来说，外界环境的影响会让人将事实和情感混为一谈，进而无法对事情加以准确判断。

心理透视

吊桥效应的提出源自一个调查实验，研究者安排一位漂亮的女调查员在三个不同的地点随机对年轻的异性进行问卷调查，并邀请接受调查的人根据一幅图画编出一个短小的故事，三个地点接受调查的人数量一致。

第一个地点是在一个安静的公园，第二个地点是在一座坚固的矮石桥上，第三个地点是在一座离地较高的吊桥上。

问卷调查结束后，女调查员会把自己的名字和电话留给每一个参与调查的人。结果发现，三个调查地点中，在吊桥上接受调查的人打电话的数量最多；所有故事中，在吊桥上接受调查的人编出的故事多富有爱情色彩。

　　人们在危险的环境中会不自觉地紧张、恐惧、心跳加速，但人们往往不自知，常常忽视环境因素，认为自己心跳加速的原因是遇到了有魅力的人。也正是因为这种错误的归因让在吊桥上接受调查的人更愿意给女调查员打电话。

心理启示

　　有时，人们很难判断自己的某种反应是由什么原因引起的，尤其是渴望爱情的人，会对自己的特殊表现产生错误的认知，以为自己恋爱了。

　　关于心动是不是假象、如何让对方心动，这里有两点建议。

　　第一，关注当时的环境和情景。

　　在某些情况下，当无法区分事实和情感时，就要关注当时的环境和情景。在一些特殊场合中，如大学课堂上突然被老师点名回答问题，当你紧张得手足无措时，异性同学主动解围；在职场中被领导刁难，内心十分慌乱时，异性同事及时解围等，这些情况是非常正常的事情，要正确看待对方的帮助。

　　第二，危险或刺激的情境有利于促进感情。

　　根据吊桥效应，和异性一起做一些让人心跳加速的事情，可以让对方产生因你而心跳加速的错觉，从而可以增进你们之间的感情。

比如，一起去玩过山车、海盗船等惊险刺激的游乐项目；一起去看一场紧张刺激的电影，电影中最好有英雄救美、一起躲避危险等紧张情节，让对方有代入感，对你感同身受；一起参与拓展训练，经历紧张的挑战；一起健身，合作完成训练项目；等等。

这些事情都能引发参与者心跳加速、呼吸紧促的生理反应，这种生理反应和人们想象中的心动感受相似，会让当事人产生为身边共同参与者心动的错觉，这种情感错觉有利于增进情侣或爱人之间的感情。

# 曝光效应

## 熟悉的人容易日久生情

　　熟悉的人时常会出现在自己的生活中，很难让人不注意。而且人们大多喜欢和熟悉的人、事、物打交道，和熟悉的人交往会让人更加放松和有安全感，所以熟悉的人看着更顺眼，相处更自然，更容易滋生好感。

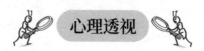 **效应解密**

曝光效应又称"多看效应""接触效应""简单暴露效应"，由心理学家费希纳在 1876 年研究提出。

曝光效应是指，在日常生活中，会有随着出现次数增多而使受欢迎程度增加的现象。这种现象就类似于一个人经常被曝光在聚光灯下，进而被人注意、熟悉和喜欢。

**心理透视**

在曝光效应提出之前，心理学家扎荣茨进行了一系列实验。其中有一项是关于观看照片的实验，首先邀请一组受试者观看一些人的肖像照（受试者不认识其中的任何人），这些肖像照中，有的人出现了二十多次，有的人出现了十几次，有的人只出现了几次。之后，请受试者选出自己喜欢的照片，结果发现，受试者更喜欢选择自己熟悉的人的照片。照片出现次数越多的人，受欢迎程度越高。

实验表明，如果自己身边反复出现一个人，那么就有机会喜欢上这个人，或者对这个人的好感会增加。

曝光效应的出现是有一定前提的，即不熟悉的人、事、物在一段时间内曝光次数要适当，如果曝光次数过多可能会导致被喜欢程度下降。

　　需要特别指出的是，相关心理学研究表明，如果第一眼就被讨厌的人、事、物，多次的曝光并不会增加被喜欢的程度，反而会增加被讨厌的程度。

　　要想赢得一个人的好感，不妨创造机会，让自己在恰当的时间，多次在他／她的面前出现。

第一，创造见面机会。

　　如果遇到心仪的对象，想要进一步获得交往的机会，先不要冒失地上前索要联系方式，可以尝试创造一些偶然遇见的机会。比如，创造一起上课的机会，创造搭乘同一班地铁或公交的机会，或在同一家图书馆、商场、游乐场、电影院等地方偶遇。当多次出现在对方面前时，会增加对方对你的熟悉度，进而增加对方喜欢你的概率。

第二，每次出现切记留下好印象、正能量。

　　多次出现在心仪的对象面前时，可以通过良好、具有正能量的行为举止来吸引对方的注意。比如，帮助他人的行为、幽默的谈吐、礼貌的微笑等。切忌为了吸引对方的注意而用力过猛、弄巧成拙，以免造成尴尬的局面，给对方留下冒失、不稳重、哗众取宠等不好的印象。

**第三，不要自讨没趣，避免引起反感。**

如果与对方之前存在一些误会或冲突，那么短期内尽量不要反复出现在对方面前，因为每一次的出现，都有可能勾起对方对你的不好的回忆，会让坏印象多次、不断加深。在这样的情况下，多次出现在对方面前无异于自讨没趣，只会引起对方的反感。

# 黑暗效应

## 减少戒备，增加好感

　　你有没有想过为什么傍晚的马路边、公园里或光线较暗的咖啡馆、餐厅里总不乏情侣的身影呢？这是因为光线会影响人的情绪反应，美化人的情感。在光线较暗的地方，人们常常会认为交往对象更加随和，没有社会身份感和距离感，这种环境下的交往有利于增进感情。

黑暗效应是指这样一种心理现象：相较于光线明亮的地方，在光线较暗的场所，交往双方更容易因为"看不清"对方而自动美化对方，同时会降低对对方的戒备心，增加安全感。

美国《消费心理学杂志》刊登研究发现，光线暗会降低人的情感反应，在光线暗的房间，夫妻吵架的概率会大大降低。

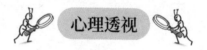

一位男士多次邀约一位心仪的女士，但每次双方的谈话都不太顺畅，总是能感觉到双方的不自在。后来，有一次男士因白天有事情要处理，于是就把与心仪女士的见面约在了晚上，地点是在一个光线较暗的咖啡馆。见面后，窗外夜色朦胧，室内灯光温柔，双方异常放松，谈话也很愉快。此后，男子特意将约会安排在光线较暗的咖啡馆，不久之后，两人便确定了恋人关系。

白天，人们扮演着各种社会角色，会非常注意自己的言行举止，生理和心理高度紧张，但在夜晚，人们的身心大多会处于一种比较放松的状态。光线暗的地方让人身心放松、性情柔和，更容易增进感情，适合约会。

在情感交往中让对方放下戒备、身心放松，才有更多的机会与对方开怀畅谈、增进感情。

**第一，表白要把握好时机。**

不同的人的感性程度不同，会受周围人、事、物的影响，白天是适合理性处理各种问题的时间段，当对方正因为学习、工作而忙得不可开交、神经紧绷时，对表白产生警惕和戒备的可能性更高，此时并不适合听你的爱的告白。只有在对方放松、特别感性的时候，才是你表白的好时机。在日落黄昏、夜幕降临时向对方表白，会大大提高表白成功的概率。

**第二，利用环境增进感情。**

光线暗的地方更适合约会，这是黑暗效应的重要恋爱启示。因此，可以充分利用这一效应，选择较佳约会环境，让对方放松且依赖自己，进而增加彼此的感情。

比如，一起去看电影、喝咖啡，在昏暗的电影院和咖啡厅，人的心情会处于放松的状态，再加上周围都是陌生人，感官（视听觉）功能也会受周围环境的影响而降低，此时更容易对彼此产生依赖感，这种依赖感有助于增进彼此之间的感情。

# 同质效应

## 投其所好，提升亲密度

　　好的伴侣一定是双方相谈甚欢、久处不厌。茫茫人海中，能找到和自己有非常多的共同语言，能在生活、学习、工作中彼此同频共振、事事有回应的另一半，是非常幸运的一件事。两个相似的人，往往更能产生共情，更有机会走到一起。

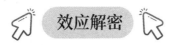

同质效应认为，人天生就自恋，因此也会更加容易接受和喜欢和自己相似度更高的那一部分人。

我国有句俗语众所周知，即"物以类聚，人以群分"，其表达的意思和同质效应的本质含义不谋而合，即相似的人会相互吸引。

试想，如果你应邀参加某个聚会，在场的人你一个都不认识。这时，如果让你完成从中挑选一个人交朋友的任务，相信你大概率会选择一个和你年龄相仿或穿着打扮相似或气质和行为举止类似的人，因为你会觉得与自己相似的人更能"聊得来"。

新加入一个班级、一个部门、一个俱乐部，在大家彼此都不熟悉的情况下，如果发现有同学和自己有相同的文具，有同事和自己是老乡，或球友的运动器材和自己的运动器材是同一个牌子，这些相同或相似之处会增加彼此的熟悉感和安全感，会因为彼此"有共同话题"而更聊得来，进而能愉快相处成为朋友。

跟相似度高的人在一起，彼此交流起来会更加轻松、顺畅，也更容易从彼此共同喜欢、熟悉的人、事、物中获得归属感和幸福感。

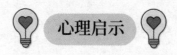 心理启示

要成为最佳伴侣，需要双方相处默契，有共同语言，能产生思想共鸣，如此才能熬过岁月，相守到白头。

**第一，投其所好，做对方感兴趣的事。**

如果你正在追求心仪的对象，不妨了解一下对方的兴趣爱好，然后尝试着听一听对方喜欢听的歌、读一读对方喜欢看的书、聊一聊对方感兴趣的话题，尽量在对方面前展示你与对方的相似点。这种投其所好的自我展示，会让对方觉得你们有共同语言，有机会成为朋友。

当然，如果你正在被人追求，也要观察对方是真的和你有共同的兴趣爱好和追求，还是仅仅为了某种目的故意迎合或伪装。

**第二，寻找和自己同频共振的人。**

合适的恋人或爱人，应该三观相似、行为互补。如果彼此三观相差太大，那么很难发展为恋人，即便发展为恋人，也大多会在后期的相处过程中因为理念、观念、习惯等各种冲突而消耗彼此，最终难有良好结局。

因此，在寻找伴侣时要寻找与自己相似的人，这样更容易找到同频共振的"灵魂伴侣"。

# 富兰克林效应

## 被需要感能拉近彼此的关系

在所有接触过的人中，与那些你帮助过的人相比，帮助过你的人会更愿意再次帮助你，对你的好感度会更高。如果想让别人喜欢你，不妨请对方帮你一个小忙。

## 效应解密

相传，富兰克林担任州议员期间，想要争取一名国会议员的支持，但并未如愿，后来富兰克林很诚恳地写信向对方借阅了一本对方收藏的书，一周后如约将书归还，并再次写信向对方表达了衷心的感激之情。之后，当富兰克林再次与该国会议员在工作中相遇时，对方主动找富兰克林交谈，并在很多事情方面表现出了对富兰克林的认同，二人也成了很好的朋友。

帮助过你的人更愿意再次帮助、支持你，这便是富兰克林效应。

## 心理透视

心理学家琼·杰克和戴维·兰迪为了验证富兰克林效应，曾经做过这样一个实验。

第一步，组织一场竞赛，让参赛者都获得小额奖金。

第二步，让研究员和助手分别给一部分获奖者打电话，研究员称竞赛费用由他自己赞助，现在遇到困难，请求参赛者退回奖金；助手称竞赛由实验室赞助支持，现在实验室周转困难，请求参赛者退回奖金。

第三步，邀请所有参赛者分别给研究员和助手打分。

结果发现，研究员的得分更高，而且愿意退回奖金者给出的分数比不愿意退回奖金者给出的分数也更高。由此，心理学家琼·杰克和戴维·兰迪认为，当一个人帮助过你后，他会对你的再次出现和提出请求感到亲切和合理，认为你是安全的、可信赖的，因此大概率会选择再次帮助你。

心理启示

在两性交往中，高情商者会懂得引导对方，让对方在情感经营中产生依赖感和不舍感，让对方离不开这段感情。

第一，请求帮助，让双方关系更密切。

遇到心仪的对象时，可以尝试通过请求帮助的方式来结识对方，让对方对你有所"付出"，在对方多次提供帮助之后，对方会关注自己的付出，进而关注到你。

付出还会让对方有被需要感，这种被需要感会让对方增加自信、肯定自我，可以让对方从中收获成就感和满足感，进而对自己的付出产生依赖感（愿意持续付出），这种依赖感可能会转换为对你的依赖。

第二，付出的同时，引导对方付出。

不要让自己的另一半只做感情的享受者，享受者会想得到更多，一旦不能满足对方，对方就会毫不犹豫地放弃这段"廉价的感情"，毕竟对方没有付出过什么，也不会有什么损失。

根据富兰克林效应，当你在一段感情中不断付出的同时，也要学会示弱，适时请求对方的帮助，引导对方付出，如生活中分担家务、送节日礼物等，这样对方才会因为自己的付出而更加珍惜这段感情。

# 罗密欧与朱丽叶效应

## 感情越受阻，越浓烈

    当一个人的感情遭到父母和周围人的反对时，这个人是会立刻放弃这段感情，还是会越挫越勇，更加努力争取和渴望得到这段感情呢？答案往往是后者。罗密欧与朱丽叶效应清楚地揭示了其中的奥秘。

效应解密

罗密欧与朱丽叶效应来自心理学家对莎士比亚的经典戏剧《罗密欧与朱丽叶》中男女主人公爱情经历的总结。罗密欧与朱丽叶互生爱意，周围人的强烈反对不仅没有分开他们，反而更加坚定了两人在一起的决心。

一定范围内，恋爱的干扰力量越强大，恋爱双方的情感反而会更深，这便是罗密欧与朱丽叶效应。

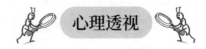

心理透视

在莎士比亚的戏剧《罗密欧与朱丽叶》中，罗密欧与朱丽叶相识、相恋，他们的爱情却因双方家族之间的世仇而遭到家人的强烈反对。面对阻挠，罗密欧与朱丽叶相互依附、奋力抵抗，不惜为爱牺牲。

心理学家布莱姆曾做过一个实验，让受试者自由选择 A 或 B，但在实验中派人施压受试者，让其选 A。实验表明，低压力条件下选 A 的比例高，高压力条件下选 A 的比例低。由此可见，过度强迫反而激起个体的反抗，会降低个体对选项 A 的好感。

心理学家德斯考尔等人分析认为，爱情会受外界因素的干扰，在一定范围内，父母越是干涉和反对子女和某人交往，子女对恋人的感情就会越深。在现实生活中，常表现为如果家人不看好恋情，热恋中的人总会站在恋人这边，并为恋人的各种"不好"做出合理解释。

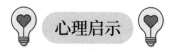

人一般都有逆反心理，越被阻止去做一件事情就越要去做，罗密欧与朱丽叶效应在很多人的恋爱经历中得到了印证。

**第一，制造"困难"有助于增进感情。**

能轻易得到的人、事、物，人们往往不会珍惜；越是得不到，人们就越有努力争取得到的心理。

因此，在与交往对象相处的过程中，不妨学着为爱情制造一些困难目标，比如挑战问好 100 天，相约一起跑步，一起攒首付买婚房等，当感情面临得不到的危机时，会因为得不到而更加渴望得到并加倍努力。适时制造情感困难，然后鼓励对方和自己一起克服困难，并及时肯定对方的努力和付出，这正是高情商者经营感情的高明之处。

**第二，爱情不是儿戏，理性看待"反对者"们的意见。**

当自己的爱情受到外界干扰时，应理性对待，充分考虑和恋人之间的爱情是否健康、对等，是否能从对方那里获得高情感价值，是否具有长久性，应理性、正确地对待爱情。

# 毛毛虫效应

## 不做无用功，不要盲目追随

　　很多人都有自己崇拜的对象，优秀的榜样能让人不断成长，变得更加优秀。但在爱情中，如果毫无主见地盲目追随爱人，很可能导致自己失去主见，失去对爱情关系和努力方向的判断。

毛毛虫效应是根据一项毛毛虫实验而提出的心理学效应。

昆虫学家法布尔做过一个毛毛虫实验，他将几只毛毛虫放在一个花盆的边缘让它们首尾相接爬行，然后在花盆不远处放上毛毛虫爱吃的食物，毛毛虫一只跟着一只爬行，一直在花盆上转圈，连续几天之后，毛毛虫们因疲劳和饥饿而死去。

毛毛虫有固守习惯、先例的行为，这导致它们盲目跟随一步步向前，虽然喜欢的食物离得很近，但它们却不肯改变一下方向，最终毫无意义的转圈行为导致它们疲累而死。

心理学家将毛毛虫跟随前面路线走的习惯称为"跟随者"习惯，因跟随而失败的现象称为"毛毛虫效应"。

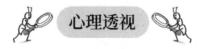

日常生活中，有很多人会犯类似的错误，如墨守成规的守株待兔，不看方向的埋头拉车等，这都是在做无用功，虽然付出了努力，却没有好结果。

爱情需要跟随，两人齐头并进才能前进，但如果带领者的方向或经验错了，那么继续跟随就会导致情感的失败。

比如，一个人为了成就爱人的事业，不断放弃自己的事业、兴趣、生活，在爱情中无条件地放弃自我，最终也会丢失自我。

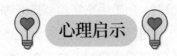

心理启示

在爱情中，努力的方向、行为非常重要，否则就会像毛毛虫一样，努力付出，却没有任何好的收获。

**第一，面对爱情要有自己的判断。**

很多人在遇到爱情时会产生"恋爱脑"，觉得对方的一切都是好的，对对方言听计从，在爱情里完全是一种顺从者的姿态，完全没有自我。这显然是一种不健康的恋爱状态。正确的恋爱状态是，在面对爱情时要有自己的判断，双方共同努力而非一方一味迁就、顺从，要拒绝盲从，拒绝 PUA，保持必要的清醒。

**第二，爱情瓶颈期，不妨调整一下方向。**

毛毛虫墨守成规地根据习惯、经验跟随彼此的脚步最终导致死亡，其实它们中只要有一只毛毛虫改变方向，就能找到不远处喜爱的食物。

爱情也是如此，墨守成规、一眼就能望到头的爱情会让人感到索然无味，当两个人的感情进入瓶颈期后，不妨尝试换种生活方式、相处方式，换种心境，如给对方一个惊喜，尝试一起去旅行等。改变和探索更多相处方式或模式，可让爱情始终保鲜。

第三，不做感情中盲目的"追随者"。

无论是男性还是女性，在交往过程中可能会产生惯性付出、迁就对方的心态和行为，如为了对方放弃自己的爱好和事业，身上的魅力和光芒渐渐消失，成为一个盲目的"追随者"。随着时间的推移，你跟随的脚步会越来越沉重，最终将无法继续。

# 晕轮效应

## 可以爱屋及乌，但不要以偏概全

　　正所谓"情人眼里出西施"，当一个人陷入一段感情中时，往往会不自觉地放大对方的各种优点，同时会不自觉地缩小或无视对方的各种缺点。寻找伴侣万不可一厢情愿、心血来潮，在感情中保持清醒、客观、全面地认识对方，才能避免当局者迷。

### 效应解密

晕轮效应，又称"光环效应""光圈效应""日晕效应""以点概面效应"等，由美国心理学家凯利提出，是个体在认知他人的过程中，通过个人好恶来想当然地为认知对象画像的现象。

简单来说，如同观看日月的光辉一样，个体会在认知交往对象的过程中为其加上认知光环、滤镜，对其进行美化（或丑化）想象，但对方真正的形象并不一定与想象一致。

### 心理透视

心理学家凯利曾组织学生参加这样一个实验，请同一位代课老师为两个不同的班级代课，课前在两个班对代课老师分别进行不同的介绍，对 A 班的学生介绍代课老师时描述其基本信息和优点，对 B 班的学生介绍代课老师时描述其基本信息和缺点。课上，A 班的学生对代课老师一见如故，B 班的学生反应冷淡，课堂气氛一般。课后，A 班的学生给予了代课老师积极的评价，B 班对代课老师的评价则较低。

不同班级学生根据不同的信息，形成对代课老师的不同晕轮，这就使得学生戴着有色眼镜去评判代课老师，形成对代课老师完全不同的个人印象。晕轮效应导致学生产生认知偏差，以偏概全地评价代课老师。

日常生活中，有不少人会对"英雄救美"或"雪中送炭"的人产生好感，并在日后相处中持续将好感不断放大，欣赏对方的所有行为举止并爱上对方，这便是爱情中因最初好感而产生的晕轮效应。

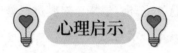

在与人交往时，高情商者从不以偏概全，他们善于通过各种途径客观、全面地了解他人，不会因为对方的个别言行举止而对对方产生认知偏差。

第一，交往前，尽可能多地了解对方的信息。

和交往对象接触的过程中，应尽可能多地了解对方的信息，避免因为一两次的接触，或以他人口中的描述来评判对方。

恋人之间相处有时会如同粉丝看待自己的偶像一样，会因为自己给对方主动加上或对方刻意营造出的光环而"蒙蔽双眼"。

不要因为一个"好"而无视对方的诸多"坏"，也不要因为一个"坏"而无视对方的诸多"好"。这里的"好"和"坏"指交往对象在职业、性格、道德品质等方面所表现出来的优缺点。

第二，拒绝恋爱脑，及时止损。

交往中要尊重自己的感受，如果你和对方在相处过程中感到不自在，就应该重新考虑你们之间的相处模式或关系。

"半熟恋人"间，难免认为对方一举一动都具有魅力，但如果对方表现出与之前良好形象较大的反差，如性格暴躁、控制欲强等，那么就要谨慎考虑互相之间的关系。

# 投射效应

## 不要把自己的喜好强加于人

　　生活中，一个无辣不欢的人常会认为他人也爱吃辣。类似这样的现象在爱情中也同样存在，在爱情中，自我感觉良好的人往往会认为对方一定会高度评价自己，细节控也总认为对方会关注细节，如果长期无法得到正向回馈，那么感情就会出现危机。

投射效应，是指将自己的某种特点投射到他人身上的心理倾向。

一个人会潜意识地认为他人和自己在性格、情感、意志等方面具有同样的特点。简单来说就是，自己是什么样的人，就认为他人也是这样的人。实际上，投射效应是一种认知心理偏差。

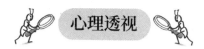

心理学家罗斯曾组织调查问卷来验证投射效应。他询问一些大学生是否愿意背着一块大牌子在校园内行走。调查问卷结果显示，超过一半的大学生愿意背牌子，而且认为大部分人会同意这样做；拒绝背牌子的大学生认为大部分人不愿意这样做。

无论选择背牌子或不背牌子，选择者都会将自己的意愿投射到他人身上。

投射效应是一种严重的认知心理偏差。换位思考是克服投射效应的方法。

在爱情中，有很多人会犯"我以为"的错误，如送给对方一个"我以为"对方会喜欢的礼物，替对方做出"我以为"对方会认可的决定，而不客观考虑对方的需求，也不与对方积极沟通。

 心理启示

与人交往，要学会换位思考，避免错误地以己推人，错误地将自己的喜好或感受投射到他人身上。

第一，及时沟通，避免弄巧成拙或产生误会。

交往初期，双方都想给对方留一个好印象，会有意识地表现自己的睿智、贴心等。比如，自己感到闷热，就认为是室温太高，觉得对方也会闷热，于是开空调吹冷风，殊不知对方正身体不适；送给对方自己认为好的礼物，而没有关注或询问对方的真正喜好。这样想当然的行为会让对方身心不适。

夫妻相处，也常出现投射效应，彼此都认为足够了解对方，面对某人或某事不与对方沟通，猜想对方和自己想得一样，于是擅自决定或行动，往往会引发误会或争执，徒增嫌隙。

第二，适度分享，避免强加于人。

喜欢一个人，会不自觉地想将自己喜爱的事物分享给对方，进而在与对方交谈时三句不离自己喜欢的事物。适度的分享能让他人感受到你的快乐，但切勿将自己的喜好强加于人。

比如，自己对某个话题或事件感兴趣，就不顾对方感受，喋喋不休地一顿输出；自己喜欢吃某道菜肴就极力推荐甚至强迫对方也要吃下去。这些行为难免会让对方反感甚至厌烦。

爱人之间，适度分享可以增进彼此的情感，但也要彼此留有空间，避免将自己的喜好强加于人。

# 蔡格尼克效应

## 越得不到，越印象深刻

　　在很多人的心中，或许都有一个惊艳了青春岁月却因为种种原因而没有在一起的"白月光"，使人念念不忘。人们总是会对得不到的人或事物印象深刻，这正是蔡格尼克效应的重要表现。

效应解密

蔡格尼克效应，又称"蔡加尼克效应""蔡格尼克记忆效应""契可尼效应"等，由心理学家 B.B.蔡格尼克研究提出，是指人对未完成事项的记忆更深刻。

人们往往会对未完成的事情记忆深刻，这是因为人天生有做事有始有终的内驱力，事情完结，做事动机会因得到满足而消失；事情未完成，做事动机会一直存在，故而印象深刻。

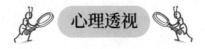

心理透视

心理学家 B.B.蔡格尼克通过实验对蔡格尼克效应进行了验证。他邀请受试者完成 22 个简单的任务，各任务完成时间相当。实验开始后，受试者随机挑选任务完成，但在他们完成 11 个任务时被叫停实验。实验后，让受试者回忆和概述刚才的任务内容，结果发现，人们能回忆起的未完成任务要多于已完成任务。

研究者认为，任务会引起个体显著的情绪波动，如不安、紧张、焦虑和担心等，任务完成后，情绪波动消失；任务未完成，情绪波动仍在，该任务引起的情绪波动会加深个体对该任务的印象。

蔡格尼克效应也符合记忆规律，司空见惯的人或事物很难引起关注，人们往往会对不同寻常的、不了解的人或事物印象深刻。比如，个体在面对异性时，对相处中有些曲折或摩擦的人印象更深刻；个体在面对爱情时，对得不到的人往往更加念念不忘。

两性交往中，高情商者往往不急于一开始就让对方轻易了解或得到自己，而是让对方不断发现自己新的闪光点，始终有新鲜感。

第一，保留神秘感，制造反差。

爱情需要保鲜，所以在交往中可以保留一份神秘感，在适当的时候制造反差。适时改变形象或展示不为人知的小技能，这样可以打破对方的审美疲劳，增添自身的吸引力。比如，换一种反差较大的装扮，在适当的时候展示自己的才艺，外出旅游时发挥自己的组织能力和外语能力等，这些不寻常的表现能增加你身上的神秘感、反差感，激发对方进一步了解你的欲望。

第二，及时清除"心理垃圾"。

有时，对未完成事件的持续回忆和纠结，会消耗我们的心力。持续的牵挂会占据我们的精力和心理内存，就如同电脑中的垃圾文件一直占据电脑的内存。如果不丢弃这些垃圾文件，那么就很难有空间去储存新文件（开始新的生活、工作、感情等）。

了解蔡格尼克效应后，应定期清理"心理垃圾"，主动遗忘得不到的人和事，积极开始新的生活。

# 阿伦森效应

真正的爱，是相互成就

　　两性交往中，持续的积极反馈能让双方感受到相爱的愉悦感，有利于良好关系的保持和增进；反之，则会让双方有束缚感、无力感，可能导致感情破裂。在爱情中，能为你持续提供高情绪价值的人，才是对的人。

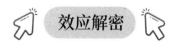

效应解密

阿伦森效应，是指人们的心态受奖励的增减变化而变化的心理现象。对于个体来讲，随着受到的奖励不断增加，态度会逐渐积极；随着受到的奖励不断减少，态度会逐渐消极。

根据阿伦森效应，人们喜欢对自己的奖励、赞扬不断增加的人或事物，而不喜欢对自己的奖励、赞扬逐渐较少的人或事物。

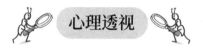

心理透视

阿伦森效应的提出源自心理学家阿伦森的一个实验。实验中，受试者分为四组，分别评价同一交谈者。第一组对交谈者赞扬有加，第二组对交谈者贬低否定，第三组对交谈者先褒后贬，第四组对交谈者先贬后褒。之后，再请交谈者对四组人进行评价。在对多个交谈者进行评价后发现，交谈者大多最喜欢第四组、最讨厌第三组。

心理学家阿伦森指出，赞美的不断增多对人有激励作用，赞美的逐渐减少会导致人产生挫败心理，进而变得消极。

在两性相处中，适当的赞美和付出会得到对方积极的回应，有助于改善两性关系，但要恰如其分。

两性交往中，应尽量避免对他人赞美的递减，以免他人对自己产生较低的评价和不好的印象。

第一，用赞美争取更多交往机会。

人人都喜欢听赞美之词，在追求心仪对象的过程中，可以参考阿伦森效应，多多赞美对方。褒贬结合、不断增加的赞美，会为你争取赢得对方好感的机会。

第二，保持理性，不被赞美套牢。

爱情由感性而生，也应保持理性，与人交往，应保持平常心，对自己有客观的认识，同时了解对方的交往动机和行为，不要被别人的赞美话语和态度套牢。

第三，爱是相互成就，肯定对方，不要吝啬你的赞美。

爱是相互成就，良性的两性关系能让彼此变得越来越优秀。在爱情中，要善于肯定对方的努力和付出，让对方有成就感，有被关注、重视和尊重感，这样的回馈能密切两人之间的关系，有助于鼓励彼此共同进步。

# 第五章

# 熟悉职场的运转法则

职场如战场，熟悉职场的运转法则，了解职场生存的奥秘，才能破解职场进化密码，逐步从职场"小透明"进阶为游刃有余、运筹帷幄的职场老手。

如果你也想从激烈的职场竞争中脱颖而出，尽情挥洒自己的才华，收获属于自己的荣耀，不妨先来了解几种相关的心理学效应。

# 蘑菇效应

## 从职场"小透明"到被看见

　　初入职场的"小透明"们，很多都处在不太关键的岗位上，一时间很难得到他人的赏识和重视。与其自怨自艾，不如利用这段"透明期"去丰富自己、强大自己，直到被看见、被认可、被重视，并最终在职场上赢得一片自由挥洒才华的天地。

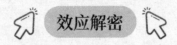

**效应解密**

蘑菇通常生长在潮湿阴暗、无人在意的角落，暗暗积蓄着能量，默默向上生长，直到有一天长得足够高大、强壮，无比自信地出现在阳光下，才会令人们眼前一亮，这一现象被人们称为"蘑菇效应"。

职场上，很多人都有过类似的"蘑菇"经历，从初入职场的默默无闻到成长、蜕变后的一鸣惊人，他们付出过太多辛酸与汗水。那段无人问津的时光正是他们磨炼毅力、修炼心性、积聚实力的最佳时期。这段"蘑菇"经历也成为他们人生中无比宝贵的一笔精神财富，激励着他们奋勇直前，永不退缩。

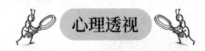

**心理透视**

在公司里，林风和李琦同为新人，表现却各不相同。林风做事积极努力，在做好分内工作之余，他总会主动向老员工询问有没有可以帮得上忙的地方，哪怕同事交给他的是打印文件、收发快递等琐碎的工作，他也会一口应承，并尽力办好。与此同时，他还会向老员工请教问题，虚心学习，老员工也很乐意指导他。

而李琦却总是抱怨公司不重视他、工资太低、看不到未来等，工作态度十分散漫。面对林风的努力，李琦总是嗤之以鼻："再积极也没用，像咱们这样学历一般的人根本无出头之日。"

林风听了，却总是笑笑不说话，他始终坚持努力工作，下班后还会学习相关的专业知识，不断充实自己。半年后，业务能力越发熟练的林风被调到重要岗位上，开始接手一些大型项目，而李琦依然在基础岗位上工作。

很多职场小白都扮演着森林角落里那个无人问津的小蘑菇的角色，不被人重视，吸收不到足够的阳光与养料。但如何度过自己的蘑菇生涯，决定了你能否从小蘑菇蜕变成参天大树。

就像案例中的林风，他正确对待蘑菇生长期，甘于寂寞，脚踏实地，默默积攒着经验，直到有一天被重视、被提拔，职场之路越走越宽、越走越远。

身在职场的你，不妨尝试着去发挥蘑菇效应的积极作用。这样做的好处有很多，首先这段蘑菇经历能帮助你转换思维模式（由学校模式转向社会竞争模式），加速适应职场节奏；其次能让你迅速成熟起来，以务实的心态安全度过这段新人期。

身为小蘑菇的你，要更有耐心，更能坚持，才能在未来的某一天恣意沐浴阳光，自信满满地面对世人。

第一，积极主动地做好本职工作。

身在职场，首先要做好本职工作，并在工作过程中掌握更多工作技能，积累更多工作经验，这是从职场中脱颖而出、拥有属于自己的事业的前提。

其次，在做好本职工作的同时，可以主动出击，去承担更多工作，如果遇到问题，就积极地向上司、同事请教并寻求帮助，这样可以在最短的时间内获得最大的进步。

第二，停止抱怨，调整好心态。

蘑菇生长的环境是阴暗潮湿的，很多职场"小蘑菇"因为不适应环境导致心态越来越差，他们满腹怨气，动不动就和身边的人吐槽自己的工作多差劲、抱怨自己有多么不受人重视，等等。

殊不知，一味地抱怨只会令脚下的路越走越窄。不妨果断地停止抱怨，积极调整好心态，勇敢地面对并逐一解决工作中的难题。积极适应职场环境并用乐观心态去对待工作，反而能创造出意想不到的好成绩。

第三，深耕自己，抓住关键机遇。

在寂寞难熬的成长期里我们要默默蓄力，深耕自己。除了要加强专业技能，还要修炼其他能力，比如职场处事能力、自主思考能力、演讲力等，尽可能地提升自己。除此之外，还要保持足够的敏锐力，确保自己能在关键机遇来临时及时反应并牢牢抓住机遇，借此迅速蜕变成一个游刃有余的职场达人。

# 聚光灯效应

## 别过分放大自己的缺点

　　你是否总是想象自己活在聚光灯下，似乎自己的一举一动都受到别人的关注？尤其是犯错、出丑的时刻，是否总觉得别人都在注视着你，议论着你？其实，这是聚光灯效应带来的错误的心理认知。尤其是在职场上，一旦高估别人对你的关注度，过分放大自己的缺点，你的职场之路就极可能会越走越崎岖。

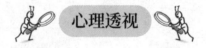
效应解密

聚光灯效应是一个常见的心理学术语，由心理学家季洛维奇和萨维斯基提出。所谓聚光灯效应，指的是生活中很多人总是不自觉地高估别人对自己的关注程度，误以为自己活在聚光灯下，一举一动都牵动着他人的目光，然而，这样带着"包袱"生活，很容易将原本微不足道的问题放大，给自己带来沉重的心理负担。

在职场上，要注意屏蔽聚光灯效应带来的心理困扰，不过分放大自己的缺点，不把自己想象成聚光灯下的"主角"。卸下心理负担后，你会发现一切没有你想象得那么糟糕、艰难。

心理透视

心理学家季洛维奇和萨维斯基曾召集数名受试者做了这样一个实验，他们先从数名受试者中随意选出一名受试者，让他穿上图案夸张的衣服，同时让剩下的受试者聚集在另一个房间里等待，然后要求穿着印有夸张图案衣服的受试者走入这个房间。

事后，心理学家向穿着印有夸张图案衣服的受试者询问道："你认为有多少人注意到了你的衣服？"

然后，心理学家又逐一向等候在房间里的受试者询问他们是否记得之前走入房间的受试者衣服上的图案，并将他们的答案记录下来。实验结果表明，穿着印有夸张图案衣服的受试者认为房间内的绝大部分受试者都注意到了他的穿着，而房间里的数名受试者中只有1名受试者注意到那个奇怪的图案。

　　为什么那名受试者在走入房间的时候，会认为房间里大多数人都在盯着自己身上的那件衣服？这就是聚光灯效应在作祟，人们太在意自己给别人留下的印象，尤其是在自己出丑或展露缺点的时候，总是无比地纠结、难受，无法释怀。事实上，他人的目光并没有一直聚焦在你身上，你的缺点，也没有你想象得那么糟糕、严重，而那些你耿耿于怀的"丢脸时刻"或许早已被他人淡忘。

心理启示

　　在职场中，一些人被聚光灯效应的负面影响所左右，总是不能正确地评价自己，认为自己的一举一动都会引来他人的目光，因此会不自觉地放大自己的缺点，矮化自己的能力，慢慢地也就失去了客观认识自己、正确评价自己的能力，变得畏首畏尾，缺乏自信，不敢为目标拼搏、奋斗。

　　只有摆脱聚光灯效应带来的负面影响，我们的职场之路才能越走越宽。

第一，给自己心理暗示，告别自我中心思维。

在生活和工作中，不要总是过分在意他人的看法，无限放大自己的问题。其实，我们又不是世界的中心，哪有自己想象得那么重要，也根本没有谁会时时刻刻盯着我们的一举一动。

不妨在自己犯错或不小心暴露缺点的时候给自己更多的心理暗示："这没什么大不了，只是小问题而已""明天大家就都忘了""这不是我一个人的缺点，很多人都有"……通过心理暗示，帮助自己逐渐远离聚光灯效应的负面影响，告别自我中心思维。

第二，制作"职场自画像"，摆脱认知偏差。

受到聚光灯效应影响的人是很难正确地认知自己的，想要摆脱这种认知偏差，不妨为自己制作一幅"职场自画像"，将自己的客观条件全部列举出来，包括自己的特长、学习力、人际关系、职位等，然后对自己进行全面、客观的评价。随着这份"职场自画像"越来越清晰，你对自己的认知也会变得越来越深刻。有了清晰的自我认知后，就更容易摆脱聚光灯效应。

第三，正视缺点，记下"闪光一瞬"，提高自信。

你越是放大缺点，就越容易自卑。你要做的是正视自己的缺点，改正不足之处，同时及时记录下自己在职场上的"闪光一瞬"，比如在获得某项荣誉的时候拍下照片留念，或在日记中记录下当时的心情，等等。时刻牢记自己的闪光点，可以加深对自我优势的认识，提高自信。

# 异性效应

## 男女搭配，干活不累

　　你有没有过这样的心理体验：当有异性在场，或与异性一起搭档工作的时候，自己的行动效率和工作质量似乎比平时更高一些。这其实是异性效应所带来的积极影响。在职场上，若能正确认识、运用这种心理效应，能让我们的工作进行得更顺利。

效应解密

生活中存在着这样一种现象：相比只有男性或女性参与的活动，在男女两性共同参与的活动中，参与者的热情往往更为高涨，做事效率也更高，这就是所谓的"男女搭配、干活不累"。

在心理学上，这种现象被称为"异性效应"，它指的并不是异性在日常生活中的交往与感情联络，而是异性在学习、工作等活动过程中的接触、交流和由此产生的积极影响。我们不得不承认，异性之间存在着磁铁般的相互吸引力，由这种吸引力所带来的激发力、创造力有助于提高学习、工作的效率。

在职场中，若能有效利用或发挥异性效应的积极作用，能令我们的工作变得更顺利。

心理透视

美国科学家发现，很多宇航员在太空旅行的过程中都会出现强烈的不适症状，如眩晕、反胃、精神高度紧张、焦躁不安、情绪低落等。经过研究后，美国相关部门挑选了一位女性宇航员加入了之前的宇航员队伍，去共同执行太空任务。

出乎意料的是，宇航员们先前出现的身心不适症状大大减轻，大家变得斗志十足，工作效率也明显提升很多。

原来，之前的宇航员队伍全都是由男性组成的，当女性宇航员加入队伍时，整支队伍的活力被彻底激发，大家的工作积极性显著提升，这便是异性效应所带来的积极影响。

在职场中，合理运用异性效应首先能改善团队的工作气氛，提高团队成员间的沟通流畅度，减少相互间的摩擦与冲突，增强团队凝聚力；其次异性同事在工作中的彼此欣赏、相互鼓励能增强个体的自信和工作动力，从而令个体的工作表现更加出色。

心理启示

很多人在同性同事面前斤斤计较，遇到难题推三阻四，在异性同事面前却表现得格外豁达、勇敢，遇到难题自告奋勇、一马当先，这正是异性效应在"作祟"。在职场中，无论是管理者还是普通员工，都能利用异性效应去收获更多工作成果。

第一，平衡团队中男女同事的比例。

美国一家著名企业在经过一系列测试、研究后得出一个结论：一个团队中，如果男女同事的比例在40%到60%之间，即基本实现了性别平衡之后，这个团队往往在员工流失率方面大大低于其他团队，在工作效率方面却远远高于其他团队。

作为一名管理者，在组建团队的时候可以有意调整团队中男女同事的比例，尝试着去组建一支性别平衡的团队，让男女同事结成工作搭档，去完成比较有难度或更具挑战性的项目。

第二，学习长处，规避短处。

作为一名员工，在与异性同事搭档做事的过程中，不妨仔细观察、学习对方身上的闪光点，利用对方的长处去开阔视野、启发工作思路，同时注意规避对方的短处，不要让自己犯同样的错误。此外，可以根据异性同事对自己的评价来重新塑造自己、完善自己，利用异性效应去激励自己成长、进步。

第三，避免滥用异性效应。

充分发挥异性效应的积极影响，能带动工作效率的大幅提升，但需要注意的是，如果在工作中滥用异性效应，将工作与私人情感混为一谈，或者用所谓的"异性魅力"去为自己寻求一些便利、好处，反而会引发种种恶果。也就是说，在职场中，男女搭配也要有前提、讲分寸，将心态摆正，才能收获理想效果。

# 刺猬法则

## 与同事保持边界，距离产生美

俗话说，距离产生美，在职场中同样如此。无论是与上级相处，还是与下属或平级同事相处，都要把握一定的分寸，保持好一定的心理和空间距离，这样才能建立起更稳固、可靠、舒适的职场关系。

## 效应解密

有两只小刺猬在寒风中冻得瑟瑟发抖，它们不自觉地靠近对方，想聚在一起取暖，可一旦靠得太近，就又会被彼此身上的尖刺戳伤。为了在不受伤的情况下获得温暖，两只刺猬摸索很久，才终于找到一个恰当的距离。这反映了一个有趣的心理学定律——刺猬法则。

刺猬法则告诉我们，距离产生美，尤其是在日常的人际交往中，不宜太过亲密，需要保持一定的安全距离。对于职场人士而言，要牢记刺猬法则，和同事相处注意分寸、保持边界，这样有利于建立健康、良性的职场关系，促进工作有序开展。

## 心理透视

法国前总统戴高乐就深谙刺猬法则，在他任职期间，身边的顾问、秘书或下属无论表现得多优秀、多靠谱，他也不会和对方过度亲近，或在心理上过分依赖对方，而是在与其展开良好合作的同时保持一定的距离。而且，戴高乐身边的工作人员经常会进行人事调动，没有一个人的工作时间超过两年。

戴高乐之所以这样做，是因为他深刻地认识到，如果他和身边的工作人员的关系超过了正常的上下级之间的关系，很可能会引发无穷的后患，比如下属利用他的影响力去为自己或亲属谋利等。

在职场中也是如此，公司里的管理者如果与某个下属员工走得过近，或在工作上过分依仗下属，既很难树立权威，也很容易造成管理上的混乱。当然，不只是管理者要有意识地与下属保持边界，身为下属，与上司也要保持一定的安全距离，乃至平级同事之间，在亲密合作的同时，也要把握相处的分寸感，轻易不要越界。

身为职场上的一只"刺猬"，我们要小心翼翼地把握与同事相处的安全距离，建立高效、舒适的职场人际关系。所谓君子之交淡如水，时刻谨记刺猬法则，才能让我们的职场之路更加顺风顺水。

第一，与下属相处时，张弛有度。

我们要尽量消除与下属之间的心理隔阂，但又不能过分亲近下属。如果离下属太近，可能会导致下属服从性低；离得太远，又很难收获下属的信任。最好是与下属保持一定的距离，张弛有度。

第二，与上司相处时，保持分寸，存敬畏之心。

身为下级，与上司相处时要格外注意分寸。有的员工见上司性格亲和，乐于与下属打成一片，就变得没有顾忌，和上司勾肩搭背、称兄道弟，甚至当面开上司的玩笑、背后八卦上司的隐私，殊不知这些行为都犯了职场大忌，很容易为你的职场之路埋下隐患。

与上司相处，要始终存有敬畏之心，有礼有节，进退有度。尤其是在工作中，最好时刻以专业的态度面对上司，塑造自己精干、专业的职场人形象，如此才能给上司留下好印象。

第三，与平级同事相处，保持边界，以和为贵。

与平级同事打交道时，谨记"以和为贵"的处理原则，保持友善态度，出现问题时积极沟通，努力建立友好和睦的同事关系。同时也要保持边界，比如不在背后议论同事的私事，不与同事拉帮结派、搞小团体，不过分亲近、刻意讨好某个同事，不当面口无遮拦地打听同事的私事、给对方带来困扰等。

# 赫洛克效应

## 及时评价，不断强化工作动机

日复一日的工作容易让人厌倦，如果能经常得到肯定和表扬，那么工作起来就会更有动力。心理学家赫洛克告诉我们，即使是职场上的成年人，也有"求表扬"的心态。工作中，及时给予评价很有必要。

赫洛克效应，由美国心理学家赫洛克研究提出。

当人们完成一项工作后，希望他人对自己的工作做出评价，及时的评价会让人们参与后续工作更有动力，这就是赫洛克效应。就动力的大小来说，赞扬的动力＞批评的动力＞不做评价。

对职场人士来说，及时给予工作评价非常重要，而且，赞扬是比批评更有力的评价方式。

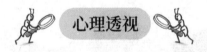

心理学家赫洛克对赫洛克效应进行了验证。实验中，将4份工作任务分给人数相等、能力相当的4组成员。工作结束后区别对待。

第1组小组成员每完成一项任务，不论任务结果如何，给予表扬。第2组小组成员每完成一项任务，不论任务结果如何，给予批评。第3组小组成员完成任务后，不表扬，也不批评。第4组与其他3组成员隔离，小组成员完成任务后，不给予任何评价。

实验结果表明，4个组的任务成效和小组成员表现为：第1组＞第2组＞第3组＞第4组，给予评价好过不评价，赞扬好过批评。

在职场中，一些缺乏管理经验的人时常把握不好对员工工作的评价反馈，经常挑剔员工工作任务中的不足，或者对员工的工作任务完成情况冷漠无视，这在很大程度上打击了员工的工作积极性。

任何一个人都不愿意被忽视，都愿意被称赞。在职场中，领导对下属的工作评价是必要的，而且要尽可能多地赞扬、鼓励员工。

第一，应看到员工的努力。

领导在带领团队时，应关注到每一个员工的工作情况，当然这里并不是指领导对员工的"监视"，而是指领导要看到并及时肯定员工的付出，不要让员工觉得自己是被忽视的，是职场"小透明"，以免让员工产生职业倦怠。

及时给予员工工作评价，让员工有被关注感和存在感，有助于强化员工的工作动力。

第二，不要忽视称赞的力量。

职场中从不缺乏批评，无论是上级的批评还是客户的不满，都让现代职场笼罩着压抑的气氛，如此更显出赞扬的可贵。

及时、适度的赞扬是对员工付出的尊重和肯定，可激发员工的自信心，增强员工的工作内驱力，有助于提高工作效率。可以说，赞扬是一种非常有效的员工管理途径和方式。

# 德西效应

## 物质奖励并不总是有效

　　努力争取某样东西会成为一个人做事的动机，但如果得到了太多，东西便不再珍贵，人们也就不愿再努力。物质奖励有激励作用，能激发或巩固一个人做事的动机，但过多的奖励可能会让动机弱化。奖励应适可而止，过犹不及，这正是德西效应带给我们的启发。

效应解密

德西效应，是美国心理学家爱德华·德西在 20 世纪 70 年代提出的心理学效应。该心理学效应的观点是，适度的奖励可以激发、巩固个体的内在动机，过多的奖励会降低、减弱个体的内在动机。

德西效应与超限效应有相似之处，相比之下，超限效应更强调时间消耗的度、给予的度，德西效应更强调物质奖励的度。

心理透视

德西效应是心理学家德西根据如下实验过程和结论得出的。

德西邀请了一批大学生参与实验，受试的大学生分为 A、B 两组。实验共分三个阶段进行。

第一阶段：A、B 两组大学生被邀请解答智力难题，无论解答成功与否均无奖励。

第二阶段：A 组大学生每正确解答一个智力难题，可获得 1 美元的奖励；B 组大学生解答智力难题无论正确与否，均无奖励。

第三阶段：自由活动时间，A、B 两组大学生可选择继续解答智力难题，也可选择休息。

统计结果显示，A 组大学生在第二阶段十分努力，但在第三阶段大多选择休息，说明努力的程度在减弱；B 组大学生在第一、第二阶段的解题动力并无明显变化，在第三阶段主动尝试解题的人比 A 组人多，说明努力的程度在增加。

在职场中，某些时间段对员工的物质奖励能调动员工工作积极性，但是物质奖励一旦消失，员工的工作积极性也会降低。物质奖励可以作为一种激励方法，但不总是有效的。

心理启示

在企业管理中，物质奖励有助于激发员工的工作积极性，但要把握好度。

第一，物质奖励是必要的。

企业管理者应该建立多劳多得的观念，而不能让员工认为干得多干得少一个样。

聪明的企业管理者会将对员工的物质奖励纳入企业文化建设，让员工能在工作中看到自己的付出，享受到自己努力付出所带来的实实在在的物质奖励，以激发员工工作的动力。

第二，莫让奖励流于形式。

为激励员工，企业管理者常会制定各种奖励制度，这是非常值得称赞的做法，但是如果操作不好反而会流于形式，收效甚微。

例如，一些企业设置每周最佳、每月最佳、季度最佳等过多的奖励方案，一方面容易给员工造成心理负担，另一方面不能真正发挥树立典型的作用，导致员工"轮流被奖励"，又或者奖励只限于个别员工，导致其他员工认为"干得好不好都不会被看见"，严重打击了员工的工作积极性。

第三，奖励形式多样化。

在企业管理中，要在提供必要的物质奖励的基础上，让奖励形式多样化，完善企业奖励制度。比如，物质奖励与精神奖励相结合；制定个人奖励与团队奖励办法；奖罚并用，奖罚得当；等等。

# 内卷化效应

## 自我懈怠会让你丧失竞争力

　　现代人频繁地出现职业倦怠，或许不仅仅源于工作压力本身，还有可能是掉进了单调重复而无变化的工作旋涡，这样的工作环境会导致员工自我懈怠、丧失竞争力，这便是内卷化效应。

　　"内卷化"是一种长期无突变式发展、无渐进式增长的简单层面的自我重复状态。

　　内卷化效应诞生于 20 世纪 60 年代，是指个体长期从事稳定、单一、重复的工作，随着时间的推移，个体会丧失工作激情，产生自我懈怠情绪，缺乏应变能力，竞争力下降。

　　"内卷化"一词最初由人类文化学家利福德·盖尔茨提出，后来利福德·盖尔茨的观点慢慢演变出内卷化效应。

　　利福德·盖尔茨经常到爪哇岛旅居，曾观察并研究当地的农耕生活，当地人保留着原生态耕作习惯，日复一日，年复一年，利福德·盖尔茨将这种现象称为"内卷化"。

　　曾有一段关于放羊娃的采访广泛流传，放羊娃对自己的一生和后代生活的设想为：放羊—卖钱—娶媳妇—生娃—放羊……这便是典型的内卷化效应。

　　内卷化存在于社会的方方面面，内卷化效应描述了内卷化环境对个人心理状态的消极影响。

某些人长期在同一个工作岗位上日复一日地重复相同的工作，很容易产生职业倦怠，对此，个人应积极制定职业发展目标，企业也应为员工灵活安排工作，并提供发展空间。

心理启示

　　作为职场人，应明确自己的职业偏好、职业追求，在择业、工作中保持足够的活力，避免低效的自我消耗。

　　第一，根据自己的个性和兴趣选择适合自己的工作。

　　不同的人，性格特点、兴趣不同，所适合从事的工作也不相同。有人喜欢工作内容不断变化、富有挑战性的工作，有人喜欢按部就班、简单重复的工作。因此，在择业与就业时，应对自己、对将要从事的工作有充足的了解，以找到自己喜欢的、能长期坚持、能实现自我价值的工作。

　　第二，保持对工作的兴趣。

　　现代社会，职场竞争压力大，任何工作都难免会存在重复性的任务或操作，频繁地辞职或得过且过并不能改善工作状态，与其厌弃工作，不如从工作中发掘自己的内驱力，调整心态，保持对工作的兴趣，让自己有更好的精神状态和工作状态。

**第三，提高工作效率，避免重复劳动。**

重复劳动会对个人精神产生无休止的消耗，为了避免工作精神内耗，可以尝试改变工作方式，提高工作效率，压缩重复劳动的时间，让自己从内卷化环境或状态中抽离出来，从而有时间、精力去发现和做自己感兴趣的事情。

# 近因效应

## 任何时候复盘都不晚

　　人们除了对第一印象记忆深刻外，对最近时间段内发生的事情也会有深刻印象，但随着时间的推移，对事情的经过和感受的记忆会慢慢减弱甚至消失，也就无法从过往事件中吸取经验教训，不进行复盘，就无法在下次事件应对中做到最优化处理。

## 效应解密

　　近因效应由美国心理学家 A. 卢琴斯提出，指相对于事件过程，人们对事件的结尾印象更深刻；相对于很久之前的事，人们对最近发生的事印象更深刻。

　　近因效应与首因效应相反，近因效应强调在一定范围内距离现在时间段越近的事记忆越深刻；首因效应强调在一定范围内多种刺激同时作用时第一次印象最为深刻。

　　关于近因效应，有其他心理学家提出如下规律：事件或观点间隔较长时间依次提出，近因效应更明显；认知结构简单的人更容易出现近因效应；与熟人交往，更容易产生近因效应。

## 心理透视

　　A. 卢琴斯通过实验证实，如果有多个刺激物同时出现，人们对后来出现的刺激物印象更深刻。

　　比如，例会上，领导对团队成员近期的表现进行总结，先讲了这样那样的一些优点，紧跟着"但是"之后，又讲了一些缺点，大部分人会对领导所讲的缺点印象深刻，认为领导对团队近期的表现不满。

　　在职场中，与同事相处，要注意将互利或对对方利好的事件安排在最后展示或讨论，这样可以让对方有愉快的结束体验，有助于下次更好地沟通。

近因效应提示职场人，在工作中犯了错误、职场关系一时不好并非不可改变，及时复盘，通过具体事件可弥补不足、扭转局面。

第一，巧用"近因"改善职场人际关系。

在工作中，当同事或客户对自己的第一印象不好时，要善于观察和总结经验，复盘误会所在，并争取在对方关注的关键时刻、关键事件中给予肯定、支持或关心，让对方对你的看法有所改观，进而消除误会，增进关系。

第二，离职的人才也能为公司创造财富。

有位企业高管，在业界口碑非常好，这位高管的处事秘诀是无论与即将离职的同事日常交集多不多，都会在同事离职之际，或诚心约谈说几句中肯建议，或送一个贴心的离职小礼物，或筹办一个小型欢送会等，这让离职的同事都对这位高管赞誉有加，这位高管在业界渐渐树立了好口碑。

作为企业领导，要关心员工，在员工离职时应好聚好散，这样离职的员工会对企业留下好印象，日后有合作也会优先考虑企业，能为企业带来合作与营收，促进企业合作共赢。

# 手表定律

## 目标不统一会导致工作无序化

　　当你有一块手表时，你能自信地报出时间；当你有两块甚至多块有分秒误差的手表时，你还能肯定地给出时间吗？究竟哪一块手表的时间更精准呢？面对不统一的判断标准或模板，人们往往会失去判断能力。

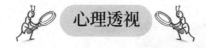

效应解密

　　手表定律，又称"两只手表定律""矛盾选择定律""时钟效应"，是指多块手表不仅不能帮助人们准确判断时间，反而会给人们对时间的判断造成困扰。

　　本质上，手表定律反映的是，面对同一件事情，当人们面临两个不同的准则或目标时，在行为判断上就可能产生误差和分歧，导致行为无法统一。

心理透视

　　手表定律源于一则故事。一只猴子偶然捡到了一块手表，它很快学会了根据手表判断时间，能合理觅食、休息，渐渐地有更多猴子来请教时间安排作息，这个拥有手表的猴子威望不断增高，最终成为猴王。猴王认为手表能给自己带来好运，于是又费心找到了许多块手表，但这些手表显示的时间并不相同，猴王无法判断哪一个时间是准确的，猴群的生活规律和秩序也越来越混乱。

　　手表定律的发生具有以下前提：其一，各表的时区应一致（有可比性）；其二，各表显示的时间不同（有分歧基础）；其三，多块表中，应该至少有一个表的时间是准确的（有正确参照）。

　　手表定律揭示了这样一个道理：标准和目标唯一，会具有较强的参照性，标准和目标杂乱，会导致工作秩序杂乱。如果客户在提要求时，一会儿强调以这个目标为核心，一会儿强调那个目标更重要，目标不明晰，就会让方案无法有效推进。

心理启示

职场的高效率，离不开科学的管理，管理制度或方法不科学会导致工作状态的混乱及团队分歧。

第一，明确工作目标。

无论是刚入职的新员工还是有经验的老员工，在实际工作中都要做好日常工作规划，明确工作目标，这样才能集合所有时间和精力提高工作效率，完成工作目标。

第二，做好职业规划。

要想在职场中有长远的发展，应做好职业规划，不能既想当销售员又想做技术员，既想尝试这个行业又想进入那个行业。多个目标并不会让你更优秀，反而会让你失去初心和方向。

第三，莫让员工犯难。

对企业领导来说，要认识到手表定律带来的启发，不要给一个团队制定两套工作准则和目标，不要给一个员工安排两个领导，目标不明确，会扰乱员工的工作秩序，导致工作无序化。

# 齐加尼克效应

## 人不是机器，要劳逸结合

当一个人心里装着一件事情或有一个待办任务时，就会处于一种心理紧张状态，这种心理紧张状态会随着事情和任务的完成而解除。但是，如果事情和任务一直无法完成，并且有新的事情和任务持续出现，那么紧张状态将会一直存在。

　　齐加尼克效应由法国心理学家齐加尼克研究提出，具体是指工作压力大会导致心理紧张，未完成的工作会让紧张状态一直存在。

　　个体的工作紧张状态，源于无法忽视未完成的工作，对未完成的工作"放不下"，会在工作外的时间也思考工作内容，不能很好地调整心态和放松心情。

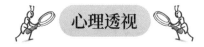

　　心理学家齐加尼克曾组织过这样一个实验，要求 A、B 两组受试者完成 20 项工作。实验开始后，对 A 组受试者在完成工作时实施干扰，使受试者最终无法完成工作；对 B 组受试者则不进行干扰，让受试者全部完成各项工作。

　　实验结果显示，A、B 两组受试者在完成工作期间，均表现出一定的心理紧张状态。实验结束后，A 组受试者的心理紧张状态仍存在，B 组受试者的心理紧张状态消失了。

　　心理紧张状态会随既定工作的完成而随之消失，反之如果工作未完成则会持续存在。比如，很多职场新人或刚刚接触某个项目的职员，会在工作没有完成的夜晚失眠，或在项目期间一直表现出非常焦虑的状态。

现代职场工作压力大，很多职场人士都面临着"过劳"的工作状态，精力、精神内耗的状态持续存在，此时应了解齐加尼克效应，并加以调节。

第一，提高工作效率。

要学会高效、快速地完成工作，提高工作效率，比如合理制订工作计划、合理安排时间、集中注意力等，这样就不会因为没有完成工作而紧张，进而持续消耗自己。

第二，压力能催发动力，但要在可承受范围内。

适当的工作压力有助于激发个人的工作动力，但工作压力应控制在个人身心可以承受的范围之内，否则可能导致不好的后果。

随着科技的进步，越来越多的人的工作可以不受时间、空间的限制，工作的便利也导致了工作无处不在，短期的工作冲刺和攻坚不可避免，但如果这种状态持续存在，且个人又无法很好地调整心态，就会对身心造成极大损耗。对此，需要重新审视自己的工作方式、工作性质，以及自己能否适应和承受这种工作压力。

第三，学会放松，劳逸结合。

关注身心健康，合理休息，是职场人应该特别注意的一件事，而且要真切地将这件事落到实处。

在工作之余，也要学会放松，如调整睡眠，参与运动，学习画画或做手工等，尝试去做自己感兴趣且能让自己放松的事情，劳逸结合，找回自己的最佳工作状态。

# 第六章

# 发现成功的底层逻辑

每个人都渴望成功，但在竞争激烈的现代社会，想要成功并非易事，除了要坚持不懈地努力，还要发现成功的底层逻辑，即了解成功背后的心理学效应，这样能够让努力更有方向和成效，离成功更近。

# 南风效应

## 方向不对，努力白费

　　在人与人相处的过程中，温暖的言行会进一步拉近彼此的心理距离。而冷漠的言行只会伤害彼此，令彼此的心理距离越来越远。

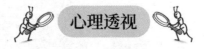

**效应解密**

南风效应，又称"南风法则""温暖法则"，其来源于法国作家拉·封丹所撰写的一则寓言故事。

在这则寓言故事中，南风与北风比本领，想要比一比谁能先让路上的行人把衣服脱掉。北风吹出大风，寒风凛冽，行人纷纷裹紧衣服；南风吹出习习暖风，行人觉得温暖甚至有些燥热，纷纷脱掉衣服。比赛结果显而易见，南风胜出。

南风效应告诉我们，为人处世，温柔平和的方式方法往往比强制暴力的方式方法更有效。

**心理透视**

南风效应在日常生活和工作中很常见。某部门经理，为提高部门业绩，强制员工每天加班；完不成业绩指标者，当月工资按80% 发放；迟到者，一次罚款 100 元；更有限制如厕时长和次数等奇葩规定。当月部门订单确有增加，但之后两个月陆续有员工离职。

为扭转局面，该部门紧急撤换部门经理，新经理试行新的部门条例，如老员工返岗和回款福利，新员工入职补助，还为员工申请了通话补贴，部门工作很快步入正轨，签单屡创佳绩。

南风效应提示我们，处理问题，方法很重要。无论是在生活中还是在工作中，平和的态度都好过暴戾的态度，富有人情味的沟通和处事方式所达到的效果远胜过威胁和强迫。

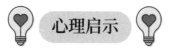

在日常生活和工作中，应"严于律己，宽以待人"，如此才能与人和谐相处，才能得道多助，交际圈也更加开阔，做事更容易成功。

**第一，以人为本，得道多助。**

无论是在生活还是在工作中，都应该尊重和关心他人，在待人接物的过程中时刻考虑和关心对方的感受，体现出"人情味"。

例如，企业管理者、教育管理者应注重"人性化管理"，把握和处理好管理的"柔性"和"刚性"原则；与人相处应尊重他人、乐于助人，让对方与你相处时感到温暖、舒适。如此才能密切人与人之间的关系和情感，有助于达成合作，实现共赢。

**第二，处理人际关系，讲究方式方法。**

"与人善言，暖于布帛；伤人以言，深于矛戟。"在处理人际关系时，大可不必事事强压他人一头，否则或许偶尔能占据上风，但终将失去他人的支持，之前获得的良好的印象或成就也会随之崩塌，白白浪费以往的努力。

　　适当的方式方法，能引导人际关系向良好的方向发展，比如，在与客户的沟通中，除了谈工作，也可聊聊天气变化，提醒对方注意防暑或防寒，让对方感受到被尊重和重视，增加对方的信任感，更好地活跃沟通气氛，为成功合作做好铺垫。

# 登门槛效应

## 循序渐进，把握主动权

　　向别人直接借 100 元要比借 1 万元容易很多。这说明，对于大多数人来说，很难一下子接受一个高要求或高目标，因此聪明的人会将高要求和高目标拆分后再抛给对方，这时人们接受小要求和小目标的可能性就会大大增加。

**效应解密**

　　登门槛效应，又称"登门坎效应""得寸进尺效应"，由美国社会心理学家弗里德曼与弗雷瑟研究并提出，形容人们对要求的接受程度和过程如同登门槛一样讲究循序渐进。

　　人际交往中，哪怕一开始并不想接受他人的任何要求，但当拒绝了对方的一个要求后，如果对方降低要求再与你协商，你拒绝对方的概率就会降低，这就相当于在对方抛出的高门槛（高要求）与低门槛（低要求）的选择中，你选择让对方先登低门槛。这一现象就如人们登门槛，面对高高的门槛，必须一个台阶一个台阶地走到门槛前，然后跨过一个个门槛，才能到达成功的殿堂。

**心理透视**

　　关于登门槛效应有这样一个实验。实验者计划在某社区的居民楼前树立一个交通安全警示牌，当提出树立这样一个又大又不美观的牌子后，只有不到 20% 的居民同意竖牌要求。在与另一个社区居民进行沟通时，实验者先邀请居民在提高社区安全行驶的请愿书上签字，这个要求很合理而且并不难做到，绝大多数居民都同意签字。一段时间之后，实验者向居民提出树立交通安全警示牌的要求，超过 50% 的居民同意了竖牌要求。

可见，同样的要求，循序渐进地提出，更容易争取主动、达到目的。

细分目标，循序渐进，是解决问题、争取主动的有效方法，而且容易获得成功。

**第一，成功源于无数次小的积累。**

登门槛效应启示人们在走向成功的路上，应坚定目标、细分目标，不断积累成功经验。

老师教育学生、家长教育孩子、学生挑战考研，或成年人攻克项目、技术、商业难关等，应结合实际，将最终目标进行不同层次、阶段的目标细分，将其分解为通过努力"跳一跳"就能实现的各个小目标，然后再逐步跨越一道道门槛，不断积累，最终收获成功。

**第二，步步为营，为成功奠基。**

无论是向他人推荐自己还是推销商品，都不要急于求成，先不要向对方直接展示商品或让对方直接了解自己的目的，可以尝试提出一个对方乐意接受的小要求，在与对方建立初步良好关系和印象的基础上，再步步为营，让对方一点点接受、认可自己或商品，最终达到目的。

# 留面子效应

## 欲得寸先进尺，让对方难以拒绝

　　人际交往中被拒绝有时并非坏事，有经验的成功者有时会故意想办法让别人拒绝自己，然后以对方的拒绝作为迈向成功的垫脚石，这正是留面子效应的妙用。

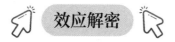

人们在拒绝他人一个要求后，有时会心存歉意，这时如果对方再提出一个相对简单的要求，那么为了保持双方关系，让双方都留有面子，就会更容易接受这个要求，这种现象就是留面子效应。

与登门槛效应相反，留面子效应先是直接抛出一个高要求，然后再提低要求，以增加小要求被接受的可能性。

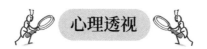

一项关于大学生的实验证实了留面子效应的存在，该实验面向两组大学生分别开展。

针对第一组大学生，研究者提出让大学生们做向导，带领少管所的少年们去动物园，需要两个小时的时间。仅有约15%的受试大学生接受了这个请求。

针对第二组大学生，研究者先是邀请大学生们义务担任少管所辅导员，为期两年，绝大多数大学生谢绝了该请求。随后，研究者提出让大学生们带领少年们去动物园玩两个小时的请求，超过50%的大学生接受了请求。

当人们拒绝他人的要求时，会担心自己的良好形象受到影响，同时也为了顾及对方的感受，当对方再提出一个小的要求时，通常会愿意接受。

留面子效应提示人们，在生活和工作中要揣摩对方心理，然后采用适当的方法增加成功筹码。

**第一，掌握沟通方法，增加成功概率。**

与任何人沟通都要讲究方法，用对方法可以让沟通事半功倍。比如，在商业谈判中，可以先真诚地提出一个可能超乎对方接受范围的请求，然后诚恳地表示妥协和让步，再"退而求其次"，提出己方的真正需求，争取谈判中自我权益的最大化。

**第二，不强迫他人，不利用他人。**

留面子效应可以为人们日常生活或工作中的沟通、协商、谈判提供方法参考，但是并不是放在任何场合、任何人身上都有效。

如果双方关系不算亲厚，则不适合利用留面子效应来刻意让对方产生"拒绝你的愧疚感"，这样的"情感绑架"并非好事，即便是对方勉强答应了你的要求，你在对方心中的形象也会大打折扣，这样"施压""强迫"他人的行为只会让双方关系变得疏远。

留面子效应发挥作用的重要前提在于对双方之间关系的正确判断，以及要求本身的合理性。如果双方萍水相逢或日常交际并不多，却要求对方满足你的要求，如果对方无视或直接拒绝，便心生抱怨，这都是不成熟的表现，是一种利用他人的行为，甚至是损人利己的行为，不可取。让他人满足自己的要求，一定是他人心甘情愿的，而非强迫或利用他人。

# 沉默效应

## 让别人主动对你说真话

　　面对争执，有人嘴巴利索、滔滔不绝，有人语塞、不知如何反驳，还有人故意沉默不语。面对不同意见或观点，是针锋相对地辩论好呢，还是被动或主动沉默的冷处理更好呢？沉默效应或许能给你一点启发。

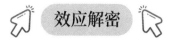

沉默效应，又称"古德曼定律"，由美国加州大学心理学教授古德曼研究提出。

沉默效应是指人们在与他人进行沟通的过程中，适当的沉默可以有效调节沟通气氛和节奏，可以达到良好的沟通效果。

沉默是个体的一种心理防御机制，也是一种有效的沟通方式。

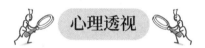

日常生活与工作中，许多事例都证明了沉默效应的作用。在商界，利用沉默效应取得谈判成功的案例比比皆是。

有一位商人打算卖掉自己的一部分旧机器，最低 50 万元出售。一天，来了一位收购商，收购商一边查看机器一边挑毛病，一会儿说表漆脱落，一会儿说零件磨损，一会儿又说机器更新换代快很快会被淘汰……商人知道对方想压价，但并没有打断喋喋不休的收购商，最后收购商实在找不出机器还有什么缺点了，商人请收购商报价，收购商两次报价后商人仍旧沉默不语，最后收购商说："我最高出 80 万元，不能再高了。"商人暗喜，同意成交。用沉默让对方自乱分寸，这正是商人谈判成功的高明之处。

在与人沟通的过程中，沉默有时是必须的，能发挥"无声胜有声"的良好沟通效果。

**第一，沉默是金，适当沉默。**

在日常生活和工作中，与人沟通难免有分歧，想要说服对方就必须掌握沟通技巧，长篇大论和提高嗓门固然有拔高气势的作用，但也容易引起对方的反感或激怒对方。此外，持续的发言还有可能导致"说得越多错误越多"，容易让对方抓住漏洞反驳和反击。

所以，要巧用沉默，调节沟通节奏，一方面让自己可进可退，另一方面，打乱对方节奏，让对方产生"我刚才哪里说得不对"的自我怀疑，或让对方猜不透自己的想法，摸不清自己的底牌，这样就能将沟通的主动权握在自己手中。

**第二，不要让沉默变成冷暴力。**

沉默，是沉着冷静、善于倾听，而不是闭口不言、回避问题。

生活中，人们常常陷入"我说了你也不懂，不如不说"的错误认知。一些人会在与家人、亲朋的相处中，本着"不想一张嘴就吵架"的心态拒绝沟通，这样做不仅不能解决问题，反而会因为过度的冷处理而演变为冷暴力。

错误的沉默，是回避问题，让问题悬而未决，让对方急躁、愤怒，让矛盾激化、关系破裂。

# 布利丹毛驴效应

## 犹豫不决会贻误良机

　　人的一生会面临无数次选择，面对选择，人们会权衡利弊，有人抓住机会，走向成功；有人在犹豫不决中错失机会，只留下遗憾和悔恨。充分认识布利丹毛驴效应，有助于把握机会、正确选择。

布利丹毛驴效应的提出者是法国哲学家布利丹，布利丹曾讲述了一个毛驴面对选择犹豫不决而被饿死的故事，这个故事后来被引申为布利丹毛驴效应。

布利丹毛驴效应指出，优柔寡断的人总是充满各种顾虑，做事犹豫不决，难以做出决定。

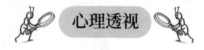

布利丹曾在阐述自己的学术观点时讲述了这样一个寓言故事：有一头毛驴，它的面前有两捆草料，毛驴尽管很饿，但是它一直无法决定吃哪一捆草料，因为两捆草料距离自己的距离，以及草的数量、质量、品相、新鲜程度等都相差无几，最终，这头毛驴在犹豫不决中饿死了。

权衡利弊并非坏事，但犹豫不决很可能会错失良机。

人在不同的人生阶段总是会面临着各种各样的选择，面对选择，人们会下意识地比较，如坐在教室的前排好还是后排好，学文科好还是学理科好，是选择就业好还是选择创业好等，一些重要的选择往往会影响人的一生。很多人面对选择左右摇摆，最终因决策不及时而错失良机。

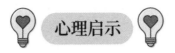

　　面对选择，要有能权衡利弊、及时做出正确决策的能力，避免因为决策失误而懊悔。

　　**第一，审时度势，当机立断。**

　　《吴子兵法·治兵》中提道："用兵之害，犹豫最大"。意思是说，在重大决策和行动中，犹豫不决可能造成非常严重的损失。

　　很多人在学业、事业决策中，有时面临二选一或多选一的抉择，这些重要决策可能会影响其人生发展轨迹，对此要最大限度地实现趋利避害，学会审时度势，把握时机，当机立断。

　　**第二，不为选择后悔，做对下一件事。**

　　人生没有再来一次的机会，面对重大人生选择，没有哪一个抉择是绝对完美的，但不管做了哪一种选择，都应该学会向前看，不为选择后悔。

　　时光无法倒流，已经做出的选择很多时候无法再改变，不要把有限的时间和精力浪费在后悔上，要对自己的未来负责，付出积极的努力，争取做对下一件事。不断修正或优化过往选择，才能最终走向成功。

# 瓦伦达效应

## 越患得患失，越难成功

　　面对重要的人或事物时，人们往往会患得患失，担心自己做得不好而失去机会或财富。事实上，一个人越担心失去，就会越紧张、越容易出错，最终导致事情失败，这样的魔咒，就是瓦伦达效应。

效应解密

瓦伦达效应源于著名的高空走钢索表演者瓦伦达表演失误身亡的故事。瓦伦达在某次重要的演出前表现得心神不宁，以往瓦伦达只会专注于走钢丝本身，但这次不同，瓦伦达变得患得患失，他知道这次表演的重要性，一直告诉自己不可以失败，总忍不住去想观众人数、重要来宾、现场效果、个人声誉等，可惜的是，瓦伦达在表演过程中发生了意外，失足坠落身亡。

心理学家将类似瓦伦达的这种因过分患得患失而导致失败的现象称为瓦伦达效应。

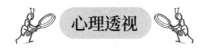

心理透视

来看这样几个事例：

有人平时模拟考试成绩名列前茅，一到正式考试就发挥失常。

有人口才很好，但被选为优秀代表演讲时，表现很糟糕。

有人提前演练了无数次面试，却在正式面试中大脑空白，词不达意。

……

瓦伦达效应揭示了人们的日常生活和工作中这样一个现象：个

体会因为患得患失而导致注意力不集中、专注力不足、心理压力大等，进而影响事情的成败。简单来说就是，越患得患失，越难成功。

心理启示

"谋事在人，成事在天"，世事变化无常，只要做好万全的准备和努力，把控自己可以控制的因素，全力以赴争取成功，即使失败也不遗憾。

第一，专注当下，屏蔽干扰。

要想取得成功，应全身心投入当下的事务，不去想事件成败以及可能引起的后果，屏蔽一切干扰，如此才更有机会取得成功。

第二，以平常心面对成败。

任何人的一生都不可能一帆风顺，失败在所难免。失败并不可怕，可怕的是在成败尚无定论时，便被自己假想的失败打倒。

成功者之所以会成功，是因为他们从不畏惧失败，而是以平常心看待成败，专注当下、全力以赴，并不断总结经验教训，努力奔向成功。

# 糖果效应

## 延迟满足，更容易成功

　　一个人要想成功，就不能满足于一点点小的成就，要善于在自己完成某个目标、达成某个小成就后，抵制住胜利的诱惑，继续努力，等到有大的成就后再狂欢和庆祝。这样做，可以避免在成功的道路上提前止步。

糖果效应，又称"延迟满足效应"，由美国心理学家沃尔特·米歇尔研究提出，是一种说明个体自控能力的心理学效应。

糖果效应指出，个体在面对更长远、更大的利益时，会自愿延缓当前的小满足，同时在等待的过程中所展示出的自控力、判断力等对其日后个性发展具有重要影响。

心理学家沃尔特·米歇尔策划和实施了一项追踪实验来研究糖果效应。

受试者初次参与实验时均为 4 岁，实验者在每个孩子面前放了 2 块糖，并告诉他们，如果能坚持 20 分钟不吃糖果就可以得到 2 块糖，如果不能坚持就只能得到 1 块糖。实验数据显示，有三分之二的儿童选择等待 20 分钟，并且通过闭眼、唱歌、跳舞、睡觉等方式来试图让自己更轻松地熬过这艰难的 20 分钟。

十几年后，通过追踪调查，当年获得 2 块糖的孩子普遍具有较强的自制力、自信心，具有勇于挑战、独立、坚强的良好品格和心理，选择吃 1 块糖的孩子普遍任性、多疑、善妒、抗挫能力差。

又过了约 20 年后，当年获得 2 块糖的孩子，大多在学业、事业方面表现得更加优秀和成功。

事实证明，能够抵挡住小诱惑的人，有更强的自制力，在学习和工作中也会不满足于当下的小成就，有毅力去追求更高的成就，获得更大的成功。

个体之间存在差异，从小自控力强、意志坚定、目标明确的人，长大后更容易获得成功。

第一，培养自控力，专注当下。

自控力是个体良好个人能力的表现，自控力强的人由于能很好地管理自己的目标和行为而更容易成功。比如，能坚持每天早读、自习的人，大多成绩优异，能耐得住寂寞在岗位上苦心钻研的人，往往更能成就一番事业。

因此，要培养自己的自控力，抵制外界干扰和诱惑，专注当下，延迟近期的小满足，追求更高的目标。

第二，高瞻远瞩，不急功近利。

要想成功，就必须高瞻远瞩，目光放长远，而不要被当下的小成就或小利益蒙蔽双眼，停止奔赴成功的步伐。

第三，培养孩子的成功潜质。

　　家长可以有意识地培养孩子的自制力，然后通过监督或孩子自我监督的方式，让孩子尝试挑战耐心等待或自主完成一件事情。

　　这里需要提出的一点是，延迟孩子满足的时间不宜过长，以免打击孩子的挑战积极性，让孩子产生挫败感或丧失信心。

# 三明治效应

## 把批评藏起来说

　　俗话说，忠言逆耳利于行，但人们往往不喜欢听逆耳之言，如果能把忠言变成人们喜欢听、愿意听的语言，岂不是一件好事？三明治效应可以教你巧妙提忠言，让对方不仅不反感，而且还爱听。

**效应解密**

三明治效应，是指将批评的内容放在谈话的中间部分，首尾部分则表达出对被批评者的肯定和鼓励，使被批评者更容易接受批评。

三明治效应是一种批评方法的妙用，能够让被批评者更乐意接受批评并愿意主动接受建议、改正错误。

**心理透视**

面对下属加班做出来的方案，如果你说："你这次提交的方案做得太匆忙，格式不正确，图表做得也非常小，这是给你自己看的还是给客户看的，做事情要动脑子。"只会让下属觉得心中不快，甚至产生抵触心理。聪明的说法是这样的："这次方案要得急，你的方案完成还是很准时的，如果格式能美观一点、图表大一些，会更方便客户观看，不过在很短的时间内能做出方案已经非常辛苦了，问题不大，再调整优化下就好。"肯定下属的成果，指出问题，再鼓励下属，这样的沟通让下属更乐于接受你的建议。

人们都喜欢听赞扬之言，而不喜欢批评之语。将批评的语言夹在赞美的语言中，那么对方会更容易接受你的建议和批评。

要让对方欣然接受你的建议，掌握一定的表达技巧是必要的。

**第一，把批评的话语夹在肯定和表扬之间。**

在与人沟通的过程中，如果想提出建议或指出对方的错误，可以根据三明治效应，把批评的话语夹在肯定和表扬之间说，这样可以让对方在接受赞美的同时欣然接受批评和建议。

注意不要把批评的话语说得太隐晦，或者把肯定和表扬的话说得太假大空，以免对方无法正确接收批评信息或觉得你过于虚伪。

**第二，注意沟通对象。**

三明治式的沟通方法并非适合所有人，一般适用于长辈教训晚辈、上级教育下级。

另外，朋友或同事之间在提建议时，或者拒绝朋友或同事的请求时，也可以将"逆耳"的建议和拒绝的话放在肯定的话中间去说，以优化沟通效果。

和自己的长辈、上级沟通时，可直接或间接提出自己的看法或建议，而不必使用三明治式沟通方法，以免显得啰嗦和不真诚。

# 出丑效应

## 不完美的人更受欢迎

　　一些优秀的"完美者"总是自带高冷气质，让他人难以靠近。为拉近与他人之间的距离，有时"完美者"会故意犯错，让他人发现自己的平凡甚至平庸的一面，这就是对出丑效应的利用，是改善社交关系的有效方法。

出丑效应，又称"犯错误效应""仰巴脚效应"，由美国心理学家艾略特·阿伦森研究提出，具体是指，平庸者、优秀但有缺点者、完美者，三者之间，优秀但有缺点者更受欢迎。

相较于平庸者和完美者，优秀但会犯错的人能让人感到亲切、轻松，给人安全感，更受人欢迎。

心理学家艾略特·阿伦森曾特意准备了四段访谈者的录像请受试者观看。第一段录像是一位成功人士，成就斐然，他落落大方，谈吐不凡，时不时地得到台下观众的掌声。第二段录像是一位成功人士，成就斐然，他略显局促，因为紧张碰洒了桌角的咖啡。第三段录像是一位普通大众，他很自信，但发言并不吸引人。第四段录像是一位普通大众，他表现紧张，发言并不精彩，还打翻了桌角的咖啡。

受试者依次看完录像后，分别选出了自己最喜欢的人，第二段录像中打翻咖啡的成功人士高票当选。

完美的成功者让人有距离感，犯了小错的成功者却能让人感受到他的真诚、接地气、值得信任。

 心理启示

优秀的成功者在与人交往时，会轻松自在，允许自己犯错，甚至会主动犯错，以此来消除交往距离感，密切与他人的关系。

第一，偶尔犯错，构建亲密社交关系。

企业的管理者可以"走进基层"，向员工表露自己的习惯、喜好，偶尔犯一些无伤大雅的小错误，这样会让员工觉得领导平易近人，值得信任，而这又有助于增强企业的信念感和凝聚力。

有时，一些"出丑"行为会成为"破冰"行为，有助于缓解现场尴尬的氛围，让对方更愿意了解和靠近你。

偶尔出错在教育管理者身上也十分适用，学生天生对作为教育管理者的老师、校长等具有敬畏之心，一点小差错不仅能活跃气氛，更能拉近师生之间的关系。

当然，故意犯错要掌握分寸，切忌故作姿态、哗众取宠。

第二，适当示弱，赢得更多人的认可。

人们都喜欢接近和自己相似的人，而对那些十分出色的人或嫉妒或羡慕，进而敬而远之。此时如果能主动示弱，对方就会感觉你其实也有平凡的一面，进而会愿意接近你和认可你。

# 鲶鱼效应

## 和优秀的人做朋友，成为优秀的人

　　你和什么样的人做朋友，你就会成为什么样的人。一个人要想成为优秀的人，那么就必须学会和优秀的人交朋友，将自己放在成功者的圈子里，为成功奠基。

效应解密

鲶鱼效应源于渔业运输实践，沙丁鱼在运输过程中常因缺氧而死亡，在沙丁鱼鱼群中放入以沙丁鱼为食的鲶鱼后，沙丁鱼为了求生，不断游动，在运输中的死亡率就会大大下降。因环境中重要因素的出现而激发生存者潜力的现象，被称为"鲶鱼效应"。

一个强者的靠近，会让人有危机感，同时也能激发人的潜力，使人变得优秀，离成功越来越近。

心理透视

鲶鱼效应的应用是非常广泛的，在市场竞争中，有实力的企业的进入有助于激发市场活力；在企业中，引进优秀人才或树立典型，可以激发团队成员的竞争力。比如，为提高工作进度，为企业生产车间借调来一个新的技术骨干或操作工，这有助于帮助整个车间的其他工人学习先进工作方法，提高工作效率。

一个人要想变得更优秀，就要给自己找一个更高的目标，要主动向优秀的人靠近。

现代社会，竞争激烈，人们面临各种各样的压力，将压力变为前进的动力，是迈向成功的重要前提。

第一，要有危机意识。

现代社会竞争无处不在，升学考试、求职面试、考研考公、创业招商等，都是在竞争中求生存、谋发展，因此，无论身在何处，是何种身份，都要有危机意识，否则就会被淘汰。

第二，明确定位，不断努力。

在鲶鱼效应中，鲶鱼是强者，沙丁鱼是弱者，彼此处境不同，发挥的作用和努力的方向也不同。

在企业管理中，团队管理者（鲶鱼）要发挥好榜样作用，激发团队成员（沙丁鱼）的活力。团队中的成员（沙丁鱼）要想在团队中出类拔萃，就要学会强化自身，增强自身竞争力。作为团队中的一员，要有自知之明，认清自己的定位，根据自己的定位去寻找努力方向、收获成功。

第三，要想成功，跟对人、选对圈子很重要。

"物以类聚，人以群分。"要想取得成功，不仅要靠自身的努力吸引伯乐，也要善于发现优秀的人，去主动靠近他们、融入优秀的圈子和阶层。在成功者身边，更有机会成为成功者。

# 超限效应

## 凡事适可而止

　　任何人或事物，都有自己的承受极限，如果超出承受范围、打破极限，势必会产生不好的结果。因此，凡事应三思而后行，要懂得适可而止。

## 效应解密

心理学研究指出，随着一个人面临的刺激不断增多，个体的心理活动会发生变化，当刺激过强或作用时间过久，个体会产生不耐烦、愤怒等逆反心理，这种心理现象就是超限效应。

为人处世，凡事适可而止，点到为止，不必咄咄逼人，否则可能事与愿违。

## 心理透视

超限效应来源于著名作家马克·吐温的一则小故事。

相传某一天，马克·吐温在路边听到一个牧师的募捐演讲，马克·吐温驻足聆听，觉得牧师讲得很好，决定等对方演讲结束后就捐款。10分钟后，牧师还在充满激情地呼吁大家，马克·吐温有些不耐烦，20分钟过去了，牧师依旧在喋喋不休，马克·吐温感到很恼火，不知过了多久，牧师还在继续，气愤的马克·吐温不仅没有捐款，反而从募捐盘中拿了两元钱离开了。

故事中，随着牧师的持续演讲，马克·吐温接受了过多、过久的刺激，最终导致马克·吐温产生了逆反心理。

现实生活中，类似超限效应的案例随处可见，如街边的营销宣传人员推销商品或服务，本来想简单了解一下，可随着对方越说越多，你逐渐失去兴趣；对于一件期待已久的事情或人，随着等待时间的持续变长而没有了最初的兴奋。

在生活和工作中，凡事要做得恰到好处，适可而止，避免过犹不及。

第一，人的注意力有限，有效沟通很重要。

在与他人进行沟通时，比如，与同事讨论工作，向客户介绍产品，向学生授课，发表讲话，等等，在不考虑内容是否精彩的前提下，沟通时间越长，听众的注意力就会越低，沟通效果越不理想。因此，要提高沟通效率，实现有效沟通，应把握好沟通的时间。

第二，表扬和批评均要适度，不捧杀、不贬低。

适度的表扬和批评，都能促进个人不断完善、进步。但过度的表扬是捧杀，是糖衣炮弹，容易助长对方的自负自满心理；过度的批评是贬低，是打压，会打击和伤害他人。

要想成为一个成功的人，一方面，对他人要适度表扬和批评，避免给他人留下不好的印象；另一方面，要认清他人对自己的捧杀和贬低，坚定自己走向成功的步伐。

第七章

# 洞察社会发展的规律

变化无处不在，无论是自然的变化，还是社会的变化，都在影响着人们的生活。而这些变化的背后，都蕴含着一定的规律。发现这些规律，就能够透过变化本身，看到其本质，了解其中的奥秘和道理。

想要洞察社会发展的规律，并从中获得更多启示，以此指导自己的人生道路，不妨来了解一下相关的心理学效应。

# 墨菲定律

## 怕什么来什么

　　有时候，越害怕发生什么，反而越会发生什么。哪怕一件坏事发生的可能性非常低，也不是没有发生的可能。所以，无论什么时候，都不能抱有侥幸心理。

## 效应解密

在日常生活中，每个人都有过这样的经历，越害怕发生的事情，越有可能发生。比如，上课的时候害怕老师点名，老师偏偏就会叫自己回答问题；出门没有带伞，害怕遇到下雨天，偏偏就下雨了……这种现象被称为"墨菲定律"。

墨菲定律由美国工程师爱德华·墨菲提出。爱德华·墨菲听说有人在做实验时将加速度计全部装在了错误的位置上，便指出如果事情有变坏的可能，那么无论这种可能性有多小，都有可能发生。

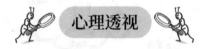

## 心理透视

哪怕坏事发生的可能性极小，也不是不会发生。有时候，越害怕发生的事情就越有可能发生。

某大学的老教授上课时很少点名，很多学生因此大胆逃课而不担心被点名。小张很喜欢这个老教授的课，所以从不逃课。但有一次，小张刚好有事，便没有去上课。

小张心里有些忐忑，但又觉得自己不会那么倒霉，老教授很少点名，应该不会发现自己逃课了。但这一次，由于逃课学生过多，老教授非常生气，便在上课前点名，记下了所有逃课的学生的名字，而小张刚好就在其中。结果可想而知，小张以及当天所有逃课的学生都受到了惩罚。

这便是墨菲定律，你担心可能发生的事情，即使概率再小，也有发生的可能。

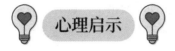

墨菲定律揭示的是一种现象，即坏事发生的可能性再低，都有发生的可能。那么，我们在面对这种可能性时，就不能掉以轻心，不能因为觉得事情不会发生而不做准备，否则事情一旦发生，可能会产生糟糕的结果。

**第一，从容冷静，不慌不忙。**

根据墨菲定律，所有坏事都有发生的可能，一直担心某件坏事发生其实是没有意义的。也就是说，在事情发生之前，所有害怕、恐惧等负面情绪都是没有意义的，只会让自己徒增烦恼。

因此，在坏事发生前，要尽可能地保持冷静，以平和的心态面对生活。毕竟，你再担心、害怕也不能阻止事情的发生。

**第二，积极面对，走出困境。**

如果坏事真的发生，也不应过于沮丧，而是要积极面对，寻找解决问题的方法，这样才能帮助我们以最快的速度走出困境。

想要找到解决问题的办法，首先要根据当前的情况冷静地分析问题，抽丝剥茧，寻找问题发生的原因；其次，要拆解问题，寻找解决问题的实用方法；最后，要罗列资源，尽最大努力去实际解决问题。

　　第三，防微杜渐，居安思危。

　　坏事发生的可能性即使再小，也有可能发生。所以，不能抱有侥幸心理，认为事情不会发生，而是要学会防微杜渐，早做准备，尽可能将损失降到最低。

# 黑天鹅效应

## 意外总是有迹可循

　　有些事情的发生，看似出乎意料，极为罕见，实际上其背后总有发生的必然原因。正如第一只黑天鹅被发现时，颠覆了人们的认知。但这并不是因为黑天鹅罕见，而是因为当时的人们认为天鹅都是白色的。

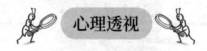

## 效应解密

在 17 世纪，人们普遍认为天鹅都是白色的，只因没有人见过其他颜色的天鹅。

直至 17 世纪后期，荷兰探险家威廉·德·弗拉明在澳大利亚发现了黑天鹅，这个发现将"所有天鹅都是白色的"这一看法推翻了，也改变了人们的认知。

基于这一事件，人们将一些极不可能发生，但又确实发生了，并且产生重大影响的事件称为"黑天鹅事件"。在心理学上，也被称为"黑天鹅效应"。

黑天鹅效应一般有三个特点。首先是意外性，是偶然发生的事件；其次是事件发生后产生了巨大影响；最后，在事后人们总能找到事件发生的理由，并且认为事件的发生是可以解释的，或者是可以预测的。

## 心理透视

从金融市场到极端天气，从重大灾难到人们的日常生活，黑天鹅效应几乎存在于各个领域，对人们的生活产生重大影响。黑天鹅事件一旦发生，都是极为重要的历史事件。

比如，泰坦尼克号的沉没。泰坦尼克号是当时世界上体积最大、内部设施最豪华的邮轮之一，没有人相信这样一艘豪华巨轮会沉没。然而，就在 1912 年 4 月，泰坦尼克号撞上冰山，导致船体破裂，船舱进水，逐渐沉入大海。

泰坦尼克号的沉没导致上千名乘客和船员死亡，是当时最严重的海难之一，至今仍被人们记得。泰坦尼克号的沉没也让人们记住了自然的威力和命运的不可控性，"永不沉没"的游轮也有沉没的可能，看似不可能发生的事情，总有发生的可能。

而泰坦尼克号的沉没并不是无迹可寻，比如技术上的不成熟，船员的掉以轻心，冰山的意外出现等，都是泰坦尼克号与冰山发生撞击沉没的原因。意外的背后，总存在千丝万缕的原因，发生黑天鹅事件自然有其发生的必然性。

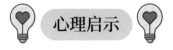

心理启示

万事万物都有不确定性，无论黑天鹅事件发生的概率有多小，都不容忽视。

第一，追根究底，寻找原因。

一旦罕见的事件发生，就不能当作简单的意外来处理，而要去寻找意外背后的原因，深入分析，总结经验，避免相似的意外再次发生。

第二，小心谨慎，减少意外。

意外总会发生，但为了防止产生黑天鹅效应，人们在做事的时候还是要尽可能地小心谨慎，尽量排除风险，避免因为掉以轻心而导致重大失误。

第三，做好防护，减少损失。

在做许多重要的事情之前，要做好准备。特别是一些危险的事情，要提前想清楚可能发生的结果，做好防护，如果意外发生，尽量最大限度地将损失降到最低。

# 飞镖效应

## 理想很丰满，现实很骨感

　　人们总是希望事情可以向好的方向发展，但往往事与愿违。这世上本就没有什么事情是绝对的，事情的发展很多时候与心理预期不同，甚至截然相反。

人们将回旋镖掷出，它却能够自动转弯，再次回到掷镖人的手中。苏联心理学家纳季控什维制受到回旋镖的启发，提出了飞镖效应。

飞镖效应是指，人们的行为所导致的结果和预期的结果相反，就像明明向远处掷出飞镖，飞镖却调转方向飞回手中。

这世上的很多事情，也如同被掷出而又返回的回旋镖一般，不会按照人们的本来预期发展，甚至会与人们原有的期待完全相反。

家长想让孩子听话，往往会采取一些强制手段，强迫孩子做某些事情。但是，有时候，家长越强势，孩子越不听话。比如，一些家长为了让孩子认真写作业，就在一旁盯着孩子，防止孩子在写作业的时候玩游戏或者做其他事情。但是，家长在一旁严防死守，只会令孩子觉得很不自由，他们变得越来越不愿意听从家长的指挥，偏要做其他事情，不认真写作业，与家长的初衷完全背道而驰。

这就是飞镖效应的体现，如果不能采取适当的方法，就会让事情的结果与所预料的结果完全相反。

飞镖效应产生的原因在于，人们在做事时，往往过于片面，只注重结果，而忽略了过程，进而导致与预期完全相反的结果出现。想要避免掉入飞镖效应的陷阱，一定要注意处事的方法。

第一，控制好自己的情绪。

在与人相处时，首先要控制好自己的情绪，避免因情绪过激而说出不合理的话语，或者做出不合理的事情。如果不能控制好情绪，随意发泄，只会让矛盾激化，导致对方产生逆反心理。特别是父母在教导孩子的时候，更要控制好自己的情绪，不能随意打骂孩子，这只会让孩子更不听话。

第二，用对方喜欢的方式去沟通。

与人沟通时，想要不引起对方的反感，不妨尝试着用对方喜欢的方式去沟通。比如，如果对方性格较为内向，承压能力较弱，不妨多和对方说一些鼓励和赞扬的话，而不要拼命给其施压；如果对方性格开朗，不妨用玩笑的方式说出内心的想法，让对方更容易接受。

第三，提高心理素质。

这世上的所有事情，都有背道而驰的可能。如果每发生一件事与愿违的事情，都要伤心、气愤，就会严重影响我们的身心健康。所以，我们要提高自己的心理承受能力，有接受意外的心理准备。

# 贝勃定律

操控期许，减少阻力

贝勃定律告诉我们，想要与身边的人相处得更融洽、令亲密关系更甜蜜，我们就要懂得操控预期，不要一次性地付出太多，因为这反而有可能令对方忽视你的付出，要"细水长流"，有节制地去付出。同时，我们在接受别人一点一滴的恩惠时都要保持感恩之心。

## 效应解密

贝勃定律是一个社会心理学定律，是指人在经过剧烈的刺激之后，对其他刺激的感觉就会变得轻微。

比如，当一个人发现，原本 1000 元的手机变成了 10 000 元，会非常惊讶。而当他再发现，原本 10 000 元的电脑变成 20 000 元时，就不会太过惊讶，这是因为第一次的刺激太强烈，反而冲淡了第二次的刺激，人的情绪也会相对平静很多，这正体现了贝勃定律。

## 心理透视

我们常常对亲人的关心不以为意，却对陌生人施予的一点善意感激不尽，这就是贝勃定律在现实生活中的体现。

有这样一对夫妻，在刚结婚时，妻子为丈夫做饭，丈夫会觉得开心，每天都夸奖妻子的厨艺。而随着妻子做饭的次数增多，丈夫逐渐习以为常，不再夸奖妻子的厨艺。

有一天，丈夫与妻子吵架了，独自一人外出吃饭，因为心情不佳而得到了饭店老板的关心，丈夫顿时觉得老板为人善良、贴心。而老板却说："你的妻子每天都为你做饭，难道不是更贴心吗？"这时，丈夫才想起妻子平日的关心。

这就是贝勃定律的体现，反复出现的事情总是容易被人们忽视，偶尔出现一次让人有新鲜感，而成为日常习惯则会让人不以为意。

习惯付出的人，往往容易被人忽视自己的付出。因此，在现实生活中，一定要注意分寸，既要合理控制自己的付出，也要懂得珍惜他人的付出。

**第一，合理控制付出。**

贝勃定律告诉我们，在做事情时，要合理控制自己的付出，不做无用功，做了好事，就要让人看到，要让对方懂得珍惜。同时，不能一直付出，如果付出却得不到回报，就要懂得及时放手。

**第二，珍惜他人的付出。**

我们也要珍惜他人的付出，不能将这些付出当作理所当然的事情，要在合适的时间表示感谢，这样才能更好地维系双方关系。尤其对于身边最亲近的人，我们更要重视对方的付出，并及时表达感谢。

# 蝴蝶效应
## 牵一发而动全身

　　很多事情从表面上看起来毫无关系，可能只是因为某些微不足道的因素而联系在一起。然而，一旦其中某个因素发生改变，就会产生连锁反应，进而影响许多事情的发展。这恰恰体现了蝴蝶效应。

效应解密

1963 年，美国气象学家爱德华·洛伦兹在一篇论文中提出了蝴蝶效应。最初，蝴蝶效应是指，因为蝴蝶扇动翅膀导致周围的空气系统发生了变化，从而产生了一系列的影响。

这是一个气象学的理论，后来，该理论被引申至心理学领域，用来描述因为一些小的因素而造成连锁反应并产生巨大影响的现象。

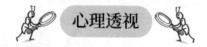

心理透视

2003 年，美国曾因为一场疯牛病产生了巨大的损失。事情发展之初，只是一头牛感染了疯牛病。后来，感染疯牛病的牛越来越多，产生的影响也越来越大。

由于疯牛病的蔓延，美国的牛肉产业受到巨大影响，不断减产，相关工作人员也大量失业。牛肉减产进而影响到了餐饮业的正常经营，使得人们的日常生活都受到了影响。

因为一头牛感染了疯牛病，产生了一系列连锁反应，最终对美国的经济发展和人们的生活产生了巨大影响，这正是蝴蝶效应的体现。

心理启示

　　想要摆脱蝴蝶效应的负面影响，减少意外带来的损失，就要学会应对危机，提高危机处理能力。

　　第一，关注细节。

　　多注意生活中的细节，尤其是那些微小的变化，因为这些变化一旦引起连锁反应，可能会对个人或组织产生巨大影响。

　　在日常生活中，要勤学多思，善于发现事物之间的关系和事件发生的逻辑关系，锻炼自己的思维，让自己更加敏锐，这样能帮助自己注意到更多的细节，尤其是那些能引起显著变化的微小细节。

　　第二，防患于未然。

　　防患于未然是指在灾祸发生之前就加以预防。想要防患于未然，就要有危机意识，能够在危险来临之前捕捉到危险的气息，对风险有足够高的敏感度。

　　要增强危机意识，在做事时就要小心谨慎，提高警惕，在意外发生后可以及时应变。同时，要提前做好准备，做好危机防范工作，在意外发生后尽量降低损失。

# 海马效应

## 明明第一次经历，却似曾相识

　　你是否有过这样的经历：突然觉得眼前的事情好像发生过，觉得某个地方好像来过，觉得某件事或某个人曾在梦里见过。这种似曾相识的感觉，就是海马效应带来的。

海马效应也被称作"即视现象"，是指人们在现实生活里，对某些事情的发生有"似曾相识"的感觉。比如，有时候，我们在做某件事时，可能会突然觉得这件事自己曾经做过，或者经历过，从而产生一种熟悉感。

在人的大脑中，海马体主要负责学习和记忆，因而这个关于记忆的效应便被称作"海马效应"。

明华经常有这样的体验：明明是第一次到的地方，却有一种强烈的感觉，似乎自己曾经来过这个地方；明明是第一次见的人，却总感觉似曾相识，好像在哪里见过对方；在做某件事情时，仿佛以前做过一模一样的事情……

明华的经历恰恰体现了海马效应。调查显示，三分之二的成年人都经历过海马效应，所以这是一种常见的现象。比如，人们在做某件事情时，会觉得自己曾经做过，甚至可以回忆起一些片段，从而产生了一些类似前世今生或者平行世界的想法。

但是，在经历海马效应之后，不应一直深陷其中，而是要保持理智，将更多的经历放到现实生活中来，不被海马效应所迷惑。

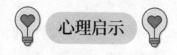
心理启示

海马效应是客观存在的，但其存在的具体原因是多样的，有很多原因至今都未被证实。因此，很多人因为海马效应而产生了一系列的猜测，也是可以理解的。

第一，客观理性，不随意猜测。

海马效应的出现往往源自大脑的错视现象，是很多人都会有的经历。因此，在经历海马效应时，应当保持理智，不应随意猜测，不盲目相信一些诸如前世今生之类的说法，避免自己上当受骗。

第二，提高信息甄别能力和逻辑思维能力。

想要击破海马效应带来的负面影响，我们在现实生活中首先要提高信息甄别能力。比如不偏听偏信某一渠道的信息，而要积极查阅多方面的资料，努力辨清信息的真假。

其次，我们要提高逻辑思维能力。比如，当我们被海马效应所迷惑时，一定要多问自己为什么、应该怎样去做、有哪些证据可以证明等问题，捋清思路，通过理性思辨帮助自己走出海马效应的迷雾。

# 地位效应

## 成功者说的话更有分量

　　我们在日常生活中常常发现，地位高的人，说话容易被人认同，而地位相对较低的人，则很少被认同，这源于地位效应的影响。

　　地位效应由美国心理学家托瑞提出。这一效应是指，地位不同的人提出的意见会被区别对待。

　　地位高的人提出意见，很容易受到赞同，并且意见往往会被执行。而地位低的人提出意见，哪怕意见是正确的，也很难得到认同，其意见更加难以被执行。

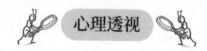

　　为了证明地位效应，托瑞曾经做过一个实验。实验在飞机场进行，托瑞将飞机场的工作人员组织起来，一起讨论某个问题。这些工作人员包括驾驶员、领航员等不同职位的人员。每个参与的人员都要提出自己的意见。

　　托瑞将每个人的意见都记录了下来，之后询问大家对这些意见的看法。在询问过程中，托瑞发现，领航员的意见总是会被多数人接受。这是因为，领航员的地位要高于其他人，所以大家总是习惯性地听从领航员的意见，认为他们说的是对的，而其他人往往因为地位低而难以得到他人的认同。

　　在日常生活中，这样的情况也很常见。人们有时候会下意识地觉得地位高的人说的就是对的，觉得地位高的人比自己更优秀、更有远见，从而更愿意听从他们的话，这都是地位效应的体现。

一个人所提出的意见的好坏并不是由其社会地位的高低决定的，因此，我们不要迷信地位，而应有自己独立的思想。

第一，保持自己的判断。

在生活中，人们总是更容易相信地位高的人。因为这类人往往经验丰富，见识也更广阔，所以人们会觉得他们的意见更好，也更愿意听从。但实际上，地位高的人说的观点不一定是对的，我们应该保持自己的判断，不轻信他人。

第二，培养批判性思维，不被他人"地位"影响判断。

日常生活中，我们要注意培养自我的批判性思维，不人云亦云，不盲目迷信权威。比如，当对方发表观点时，应将注意力放在对方所说的内容上，分析其中的信息，而不要过多考虑对方的身份、地位。

另外，对位高权重的人所提出的观点，我们更要保持谨慎，勇于质疑和挑战，并针对内心的疑问进行深入探究，直至弄清问题的答案。

# 改宗效应

## 欲扬先抑，更受认同

　　很多人因为害怕得罪人而不敢提出反对意见，甚至放弃自己的想法，去附和别人的观点，想以此让自己更加合群，更受欢迎。但根据改宗效应可知，有时候反对者反而更容易受到重视。

改宗效应由美国心理学家哈罗德·西格尔提出。哈罗德经过研究发现，当他人对于某件事情持有反对意见时，如果一个人能够说服众人，让大家听取他的意见，那么，在事情结束之后，这个人会觉得，在讨论过程中，一直和自己持有反对意见的人才最值得欣赏，而最开始和他意见一致的人反而容易被他忽视。

改宗效应说明，即使提出反对意见，在他人心里，自己也不一定会被讨厌，反而会因为意志坚定、有自己的想法而被欣赏。

在开会或者讨论的时候，提出反对意见并不意味着不合群，反而会被认为有自己独立的想法，这样的人更容易受到关注，也更容易受重视。

小A在工作时认真负责，很有自己的想法。在一次开会时，小A与领导的想法不同，但小A并没有刻意迎合领导，改变自己的想法，而是坚持自己的观点并坚定地陈述理由，同时向领导的方案提出质疑。面对小A的疑问，领导一一给予了有力的回答，最后说服了小A。

这次会议后，很多同事都觉得小A一定得罪了领导，要被开除了。然而领导并没有开除小A，反而觉得小A在会议中始终保持着独立的思考，不被他人影响，是难能可贵的。

在现实生活中，这样的事情也经常发生。但很少有人能够像小A一样始终保持独立思考，坚守本心。很多情况下，出于从众心理的影响，很多人会在一开始就人云亦云，毫无自己的想法。

改宗效应证明，一个人所提出的意见并不会让他人反感，反而能够证明自己是有想法的。而有自我主见的人，往往更容易找到适合自己的发展道路。

第一，敢于提出反对意见。

在开会或者讨论的时候，如果自己的想法和他人的不同，要先想想自己为什么会这样想。如果自己的观点理由充足，能够说服自己，那么就要坚持自己的想法，大胆提出自己的意见。

第二，尊重自己，对自己有信心。

只有自己尊重自己，才有可能得到他人的尊重与重视。如果一个人不尊重自己，就会看轻自己，不重视自己的观点，觉得自己的想法无足轻重。这样就很容易被他人影响，跟着他人的想法改变自己的想法，而没有自己的主见。所以，一个人要想学会坚持自己的观点，就要先学会尊重自己，对自己有信心。

# 霍布森选择效应

## 没有选择的选择

　　有些事情，看似有很多选择空间，但实际上只有一种选择。而这种只有一种选择的事情，无异于"没有选择的选择"，这也是霍布森选择效应的体现。

效应解密

霍布森选择效应是一种看似有选择空间，实际上却被人控制，只能做出既定选择的选择。就像是一个人走进了一个只有一条通道的洞里，只能顺着这一条路走下去，而没有其他的选择余地。

这是一种思维陷阱，人们被固定在某个思维定势里难以突破，只能按照设置陷阱的人的思维走，从而被迫做出选择。

心理透视

从前，英国有一个叫霍布森的卖马的商人。他在卖马的时候，让大家随意挑选。但是，他的马圈虽然很大，门却很低矮，只有小的、瘦的马才能出去，而高的、壮的马就很难出去。

因为这样，人们挑选的马也多是瘦小的。人们自以为选到了合适的马，高兴地走了，却不知道，自己挑选的其实都是劣马。

霍布森明面上说让大家随意挑选，实际早已将可选择的范围限定在了瘦小的马之中，从而形成了一种思维陷阱，让大家以为自己挑选到了好马。而这种没有选择余地的选择，就是霍布森选择效应。

在现实生活中，人们也常常受制于各种"圈子"，被迫做出没有选择的选择，最终令思维僵化、发展受限。

没有选择的选择，是很多人不愿意面对的情况，为了避免这种情况，我们应该怎样做呢？

第一，全方位思考。

想要避免陷入霍布森选择效应的陷阱，就要保持思维的开放性，并敢于打破思维定势，全方位思考，看到多种可能性。比如，思考问题时不再局限于某一个点，而是由点到面，由表到里，深入思考事情发展的前因后果，从中总结一般规律和长久有效的方法。

当你跳出某些圈层的限制，学会全方位思考时，才能看到更多可选择的机会。

第二，打破常规，积极创新，寻找新的机会。

想要避免只有一种选择的局面，可以试着打破常规，积极创新，寻找或为自己创造更多的机会。如果一味拘泥于固有的思维模式而不敢打破惯例，就容易走入死胡同，失去选择余地。

# 破窗效应

## 墙倒必然众人推

　　当某种不良现象发生时，如果不及时制止，这种不良现象很可能会进一步恶化，导致严重的、无可挽回的局面。

效应解密

破窗效应由詹姆斯·威尔逊和乔治·凯琳共同提出。该效应主要指一个不良现象得不到制止，就可能引发更大的不良现象，造成严重后果。

比如，有人在一面干净的墙上涂鸦而没有被制止，其他人在看到那面涂鸦墙时就可能会继续在上面涂鸦，慢慢地，这面墙会被涂鸦填满。一件小的不良事件得不到制止，就可能会发展成严重的事件。

心理透视

1969 年，美国斯坦福大学心理学家菲利普·津巴多做过一项实验。

菲利普找来了两辆一模一样的汽车，一辆停在治安良好的社区，一辆停在治安较差的社区。他将两辆车的车牌摘掉，并将顶棚打开，接着观察这两辆车的变化。

停在治安较差的社区的那辆车，被来往的路人拆掉了许多零件，并最终被小偷开走。而停在治安良好的社区的那辆车，始终完好无损。

根据这一实验，詹姆斯·威尔逊和乔治·凯琳提出了破窗效应。他们指出，如果某建筑的窗户被打破而得不到及时维修，就可能有人继续破坏窗户，甚至有人会越过窗户行窃。因为破碎的窗户会给人一种无序感，长此以往，就会有人不断做出破坏行为。

在现实生活中，破窗效应时常发生。人们在看到事情开始变得糟糕的时候，往往就容易"破罐子破摔"，不再努力改变事情的走向，而任由事情变得越来越糟糕。

心理启示

正所谓"千里之堤，毁于蚁穴"，人们如果不及时修缮破窗，就可能导致整栋建筑遭到破坏。因此，为了避免破窗效应的出现，我们需要用自己的行动去挽回局面。

第一，及时改正错误。

在小的错误出现后，如果不加以改正，就可能让小错误愈演愈烈，变成不可挽回的大错误。因此，面对那些轻微的错误，要保持警惕，及时改正，避免小错误发展成大错误，造成无法挽回的后果。

第二，发挥主观能动性，积极补救，减少损失。

如果错误已经发生，不能任由错误发展而无动于衷。要发挥主观能动性，积极改正错误。可以针对错误的现实情况，思索挽回损失的方法，或者向他人求助，减少损失。总之，在错误发生后要积极行动，避免造成无法挽回的结果。

# 海潮效应

## 时代造就人才

　　社会需要人才的支撑，人才依靠社会发展而存在，社会发展得越好，人才拥有的机遇就越多。时代造就人才，人才也在推动时代的更新。

效应解密

　　海潮效应指的是海水因天体引力而涌起潮水，引力大则出现大潮，引力小则出现小潮的现象。

　　人与社会的关系正如水滴与海水，是相互依存的关系。正所谓"时势造英雄"，人才往往会在某些重大事件中发挥作用。人才的崛起依托于社会的发展，如同海潮随天体引力而起，相辅相成，时代的进步、变革，都在为人才的出现、发展提供机会，人才的发展也会促进社会的发展。

心理透视

　　春秋战国时期，齐国出兵占领了燕国的部分土地。燕国国君燕昭王想要广纳贤才，强大燕国，夺回失地，但不知道方法。所以，燕昭王去向郭隗请教。

　　郭隗告诉燕昭王，想要招揽人才，就要让人才得到重用，给人才优厚的待遇。燕昭王听从了郭隗的意见，礼贤下士，果然就吸引了乐毅、邹衍等众多贤士来到了燕国。燕国也逐渐变得强大，最终夺回失地。可见，燕昭王愿意给人才机遇，让人才得到发展，国家也因此得到发展。

人才在社会发展中发挥着重要作用，人才的创造力、智慧等都会对社会的发展产生积极影响，而社会向好的方向发展，也能够为人才提供更好的环境，因此，人才与社会是相互依存、相互促进的关系。

人才对社会发展的促进作用是不容忽视的，人才与社会的发展也是相互促进的。时代造就人才，人才也在反哺时代。

**第一，善待人才，给人才发展的机会。**

作为领导，想要形成海潮效应，就要善待人才，能够让每个人都发挥自己的优势，得到发展的机会。这样才能让人才发挥才能，带动团体的发展。也就是说，领导善待人才，人才才会为领导助力。

**第二，抓住机遇，敢为人先。**

就个人而言，如果自己能力足够，却一直得不到重用，就需要等待机遇，并能够抓住机遇，让自己一飞冲天。在等待机遇的过程中，不能懈怠，而是要不断努力，同时耐心等待伯乐和属于自己的机会的到来，这样才能够在机遇来临的时候发挥优势，让自己有更好的发展平台。

# 马太效应

## 强者愈强、弱者愈弱

　　在社会生活中，由于生活环境、教育差距、资源分配等多种因素的影响，经常出现强者越强、弱者越弱的现象。

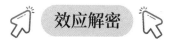

马太效应来源于《圣经》里的一则寓言，"凡有的，还要加给他，叫他有余；没有的，连他所有的也要夺过来。"这种让强者更强、弱者更弱的理论，便是"马太效应"。

声名显赫的人更容易获得更高的声望，而一些不知名的人却很难获得声望，甚至处境可能变得越来越差。

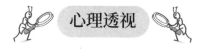

无论是个体或是群体，在某方面获得成功之后，就更容易取得更大的成功。因为这些成功的个体或群体总能接触到更好的资源，获得更多的赞誉。这是一种优势积累，是马太效应的体现。

比如，在学校，学习成绩好的孩子总是更容易得到夸奖，因为受到夸奖，所以学习动力更大，学习成绩变得更好，这是正面的影响。

马太效应也有负面影响。比如，有些人因为家境差、教育条件有限，所以学到的知识也有限，找到的工作就相对较差。

公平从来是相对的，这世上没有绝对的公平，这是正常现象，我们也应该以平常心对待。同时，我们要积极突破马太效应的负面影响，努力把握机会，积极争取属于自己的舞台。

第一，保持理性，接受现实。

很多人面对生活中一些不公平现象时，往往气愤无比，抱怨不断。但如果你的气愤和抱怨都不能改变现实，那么这些情绪不仅没有作用，还会影响你的状态，让你难以投入正常的工作、学习中去。

因此，在面对一些不公平的现象时，如果自己无法改变，就试着接受现实，平静面对，不让负面情绪侵扰自己的心智，打乱自己的节奏。

第二，积累优势，不断发展。

如果你处于弱势地位，想要改变现状，可以试着积累优势，等待机遇，厚积薄发。比如，思考清楚你想要达到的目标和需要掌握的技能、经验，然后在日常生活中不断地去付出努力，不断地积累优势并扩大优势，一点点地走向成功。当你的优势积累得越多，可利用的资源就越多，根据马太效应，你变强的概率就越大。

# 第八章

# 蜕变与成长，

# 你不必掌控所有事情

经历痛苦的挣扎，破茧而出，毛毛虫才成长为美丽的蝴蝶，在天空中自由地飞翔。

　　成长的过程中充满了各种挑战和机会。把握机会，走向成功，是每一个人都梦寐以求的结果，但想要做到这一点并非易事。了解心理学效应，可以帮助我们更好地发现机会、利用机会，让我们在成长的道路上少走弯路，逐步走向成功。

# 酝酿效应

## 解决不了的难题，不如先搁置

　　在工作或生活中，可能面临很多难题，有的问题十分复杂，可能冥思苦想许久也没有答案，这时你是继续与难题战斗到底，还是先搁置一旁，去处理其他问题呢？如果你有所困惑，就请看看酝酿效应给予我们的启示吧。

效应解密

　　酝酿效应指出，当遇到一个百思不解的难题时，不如先将问题搁置在一旁，等大脑经过充分的休息后再重新审视问题，可能会豁然开朗，找到解决问题的关键方法。

　　酝酿效应强调了时间对于解决问题的积极作用。在工作、学习或生活中合理运用酝酿效应，或许能让我们事半功倍。

心理透视

　　古希腊时期，国王命工匠打造了一顶纯金的皇冠，皇冠制作完成后，国王怀疑工匠偷工减料，在里面掺杂了别的金属，但是又无法证实，于是他让阿基米德想办法来鉴别。

　　阿基米德苦思良久，尝试了多种办法都没有解决问题。一天，他去洗澡，当他的身体进入澡盆中时，盆中的水溢了出来，于是他突然想到，可以将皇冠放入水中，通过溢出的水的多少来判断皇冠是否纯金。于是，先前冥思苦想的难题迎刃而解，而阿基米德也基于此发现了浮力原理。

　　当问题一时解决不了时，不如暂时停止思考，一段时间之后，或许会有新的灵感出现，帮助你解决问题。这正是酝酿效应给予我们的启示。

心理启示

酝酿效应为我们解决难题提供了新的思路，在生活或工作中，我们应该如何正确运用这一心理效应呢？

**第一，劳逸结合，适当休息。**

人的大脑若一直处于思考状态中，不仅会感到疲倦，思维还容易困于定势中，这时不妨先休息，喝一杯茶或者出门活动活动，让紧绷的神经放松下来，大脑感到轻松惬意时，更容易产生新的灵感，或许能更轻松地找到解决问题的方法。

需要注意的是，休息要适度，不要完全放飞自我，也不是彻底放弃难题不管，而是等待合适的机会继续寻求解决办法。

**第二，酝酿效应不是万能的，解决难题的根本仍然在于自身知识的积累。**

如果只要休息就能让人们解决问题，那人人都可以成为阿基米德。阿基米德之所以能够在洗澡时发现浮力定律，这与其具有深厚的知识储备是分不开的。这提醒我们，在平时，要注意提高自身的业务能力和知识储备，再配合酝酿效应，才有可能解决难题。

# 青蛙效应

## 勇敢走出"舒适圈"

　　当面临全新的工作或任务时，你会不会因为自己不擅长就心生畏惧，从而放弃呢？一直做自己擅长的事情，固然可以轻松、出色地完成任务，但是踏出"舒适圈"，探索自己不擅长的领域才能让我们的道路走得更宽，在未来获得更多的机会和无限可能。

效应解密

　　青蛙效应指的是如果将青蛙扔进开水里，它会奋力挣扎跳出来，从而获得生存机会，可如果将青蛙扔进逐渐升温的水里，它慢慢会失去危机意识，反而会觉得很舒适，然而等水慢慢升温，变得沸腾时，它也就没有机会跳出来寻求生机了。

　　可见，如果一个人一直待在"舒适圈"，就会渐渐地失去危机意识，慢慢地只能困于舒适圈中，而失去跳出来的能力。

　　青蛙效应提醒我们，一个人如果在舒适区停留过久可能会导致对潜在威胁失去敏感性。可见，我们不要过分依赖惯性，而是要保持警觉性，以更好地应对变化和挑战。

心理透视

　　19世纪，生物学家做了一个"温水煮青蛙"的实验。在实验中，生物学家先是将青蛙直接置于沸水中，青蛙会第一时间从沸水中跳出来，然后生物学家将青蛙置于冷水中，再慢慢加热，青蛙则会因为一开始的环境过于安逸而意识不到危险，然后在不知不觉中死去。

　　这个实验后来被重新验证时，被证明是错误的。用温水煮青蛙，当达到一定温度后，青蛙也会跳出来。但是温水煮青蛙的故事一直流传了下来，人们用这个故事提醒自己要勇敢走出舒适圈，发掘更多可能。

心理启示

青蛙效应告诉我们，时刻保持危机感，勇于走出舒适圈，才能在危机到来时及时做出反应，成功化解危机。

第一，防微杜渐，时刻关注外部环境的变化。

外部环境是时时刻刻都在发生变化的，身处舒适圈时，更要关注这种变化，通过观察或与他人交流来获取外部环境变化的信息，这样才能随时应对可能到来的危机。

第二，克服惰性，不断提升自我。

人们在舒适的环境中容易产生惰性，久而久之，就被困于舒适圈中，正如温水中的青蛙一般，想出而不得出。只有克服惰性，不断提升自我，才能应对不断发生的变化。

第三，扩大朋友圈，与优秀的人为伍。

越优秀的人常常越自律，他们往往更懂得温水煮青蛙的道理，不会满足于待在舒适圈。与优秀的人为伍，学习他们身上的优点，发现自己的不足，这样就能激励自己勇于跳出舒适圈。

# 淬火效应

## 有矛盾，冷处理是必要的

在人际交往过程中，人与人之间可能会因为利益、情感、性格等多种原因产生矛盾或摩擦，在矛盾、冲突激烈之时，你会与对方不停争论，没有结果就不罢休吗？其实，一味地与对方纠缠，不但无法解决问题，反而会导致矛盾升级，尝试冷处理，或许能找到解决之道。

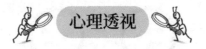

效应解密

在铸造工件的过程中，人们发现把金属工件先加热，再冷却，能得到性能更好、更稳定的工件，这种带有快速冷却过程的热处理工艺就被称为淬火。

心理学家从淬火现象得到启发，总结出淬火效应。淬火效应指出，当遇到矛盾时，不妨进行冷处理，待大家都冷静下来之后，矛盾可能会自行化解。

心理透视

某公司的两位高级经理对一个重要决策问题存在分歧，他们在会议中争执不下，情绪渐渐失控，气氛变得紧张。于是，公司总裁决定暂停会议，给两位经理一段时间，让他们冷静下来后重新进行讨论。

两位经理静下心来后，认真思考会议上彼此的观点和产生冲突的原因。他们开始考虑如何寻找一个折中的方案，以满足双方的需求和利益。最终，在下一次会议上，二人以冷静和合作的态度重新讨论，最终合作完成了一份符合双方需求的解决方案。

可见，面对分歧和冲突时，不妨先进行冷处理，即将矛盾暂时搁置，不去处理，一段时间过后再去处理，这样就能避免在矛盾最激烈时人们因情绪失控而做出冲动的事情，产生不可挽回的后果。冷处理后，人们的情绪得到舒缓，思考将更加全面，自然能够将矛盾处理得更加稳妥。

心理启示

淬火效应是一种有助于解决冲突和争执的策略，在日常生活中运用它可以改善人际关系、提高问题解决能力和减少紧张局势。我们可以通过以下方法正确运用淬火效应。

第一，让自己冷静下来。

当面临冲突、争执或紧张局势时，首先要学会冷静。如果情绪过于激动，可能会导致情绪化的反应，而不是理性地解决问题。给自己一点时间和空间，让情绪冷却下来，比如深呼吸，暂时离开产生矛盾的地方，到户外散散步，听听音乐或者做一些其他事情分散自己的注意力。

第二，不要急于达成一致，给彼此一些时间。

与别人发生争执或有不同意见时，往往难以说服对方，这时候争执不休没有任何意义，双方不仅无法达成一致，还容易让情绪失控，造成紧张的局面。这时，不妨给彼此一些时间进行冷处理。

第三，自我反省。

在冷处理期间，反思自己的需求和观点，并尝试理解对方的立场，思考产生分歧的根本原因。这既有助于更全面地看待问题，也有助于做出符合双方利益的决策。

# 霍桑效应

## 宣泄不如意，才能收获幸福

　　在我们身边，不如意的事情时常发生，工作上的瓶颈、生活中的困难、感情上的不顺心等，都让我们感到疲惫和心情沉重，如果能够适时地进行宣泄，及时调整状态，往往能帮助我们摆脱这些不如意，重新收获幸福。

效应解密

霍桑效应，也称为"宣泄效应"。霍桑效应指出，及时宣泄，可以帮助人们排解压力，消除负面情绪，提高工作效率。

在工作或生活中，每个人都会遇到一些不如意的事情，这些不如意带给人负面情绪，当负面情绪过多时，会让人感到心情沉重、压抑，严重时甚至会有窒息感。如果把人的内心比喻为一个气球，负面情绪就是灌入气球中的气体，当负面情绪越来越多时，气球最终就会爆炸。如果适时地进行宣泄，让气球中的气体得到释放，人的内心就能归于平和。

心理透视

20 世纪初，在美国芝加哥有一家制造电话交换机的工厂，名为霍桑工厂。这个工厂的工作环境以及工作福利都比较优越，但员工仍有不满，这直接影响了他们的工作热情。

工厂的负责人邀请心理学家与员工进行了沟通，心理学家认真倾听了员工的各种抱怨，并帮助员工进行情绪宣泄。令人意想不到的是，员工在进行宣泄之后，工作效率得到了明显提高。

霍桑工厂的员工在宣泄之后，工作效率得以提升，一方面是员工经过宣泄后，负面情绪得以释放，心情变好；另一方面是这些员工得到了心理学家的帮助，内心感受到工厂对自己的重视，因而工作更加努力。

心理学家将在霍桑工厂发生的现象总结为霍桑效应。从霍桑效应可以看出，合理宣泄可以有效地调节人的心理，减轻心理压力，提升工作效率，增强幸福感。

将愤怒、悲伤、焦虑等负面情绪及时宣泄出去，可以帮助我们缓解情绪，保持身心健康，获得幸福感。

第一，通过跑步、跳绳等运动进行宣泄。

运动可以帮助人缓解紧张和压力，人在运动时身体能够分泌多巴胺，让人感到快乐。无论是跑步、跳绳、游泳、瑜伽还是其他形式的锻炼，都有助于维持身体和心理健康。

第二，向亲人或朋友倾诉。

将不如意倾诉给亲人或朋友，亲人或朋友的安慰往往是有效良药，能够化解内心的郁结。这种倾诉不仅有助于释放内心的压力，还有助于获得不同的观点和建议，帮助你更好地处理问题。

第三，绘画、写日记或唱歌。

通过绘画、写日记或唱歌，不仅能够将内心的情感释放出来，更好地表达自己的情感和想法，还能够缓解内心的不快或压力，然后以更好的状态面对人生。

# "酸葡萄"效应和"甜柠檬"效应

## 庸人自扰，不如知足常乐

　　够不着的葡萄一定是酸的，属于自己的柠檬一定是甜的，虽然生活中有很多烦恼，但是知足常乐，珍惜当下，就能让我们过得充实、快乐。

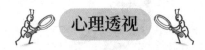

## 效应解密

　　酸葡萄效应与甜柠檬效应，均是由《伊索寓言》中的"狐狸与葡萄"的故事引申而来。酸葡萄效应是指一些人因为得不到某个事物就对其进行贬低的心态。甜柠檬效应是指一些人得不到某个事物时，不贬低该事物，而是强调自己拥有的事物很好。

　　酸葡萄效应与甜柠檬效应，均是人的心理防御机制作用的结果，当自己的需求无法得到满足，内心感到失落、挫败时，自己可以为自己找一些理由安慰自己，让自己内心的焦虑、不安得以缓解，从而避免自己的内心受到伤害。

## 心理透视

　　《伊索寓言》中讲述了一个"狐狸与葡萄"的故事。在一个烈日当空的夏日，口渴的狐狸发现了一个葡萄架，葡萄架上挂满了晶莹剔透的葡萄，狐狸望着那些葡萄垂涎欲滴，它努力地跳起来，可是怎么够都够不着葡萄，后来，狐狸只好悻悻地走了，边走边想："这葡萄一定是酸的。"狐狸最后走到了自己的果园，从果树上摘下柠檬，边吃边说："这柠檬是甜的，这才是我想要的。"

　　狐狸为何说葡萄是酸的，柠檬是甜的呢？狐狸想吃葡萄，但是却够不到，而它只有柠檬，与其因为得不到的葡萄而伤心难过，不如珍惜自己手中拥有的柠檬，知足常乐才能让生活更加幸福。

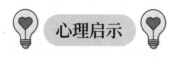

心理启示

一个良好的心态能让人知足常乐，提升幸福感。保持积极、乐观、自信的心态才不容易被负面情绪打垮。

第一，培养自信心。

自信心强的人，往往更有勇气去面对挫折，心态常常更加积极，因此，培养自信心是拥有良好心态的首要条件。

比如，坚持学习，努力进步，增长自己的见识，提高自己的能力和自信心；设定一个容易达成的目标并努力实现；每天进行自我肯定，在心里对自己说"我很棒！""我能行！""没有什么能够难倒我！""今天又有新的进步！"等鼓励话语。

第二，存在负面情绪时及时宣泄。

当在工作或生活中产生负面情绪时，可以通过听音乐、大哭、玩游戏、向别人倾诉等方式及时宣泄，释放负面情绪，从而维持良好的心态。

第三，多运动。

平时可以多参加运动，比如跑步、跳绳、瑜伽以及各种球类运动等，这样不仅有助于身体健康，还能减少焦虑感和紧张感，缓解精神上的压力，让人的精神状态更加饱满，心态更积极、更阳光。

# 卢维斯定理

## 谦虚不等于妄自菲薄

　　古语有云："满招损，谦受益。"意思是说，骄傲自满容易给自己招来灾祸，带来损失，而谦虚则能让自己得到好处。古今中外，功成名就者往往更能明白这个道理，他们谦虚好学，不耻下问，最终取得令人赞叹的成就。但谦虚应有度，谦虚不等于妄自菲薄，过分的谦虚可能让自己错失机会，限制自我的发展。

卢维斯定理由美国心理学家卢维斯提出并以他的名字命名。

卢维斯定理指出，做人要谦虚，谦虚才能认识到自己的不足，但是谦虚不等于妄自菲薄，如果过分地看轻自己，就会影响自己的自信心，失去尝试的勇气，并错失一些机会。

孔子曾说："知之为知之，不知为不知，是知也。"知道就是知道，不知道就是不知道，故意将自己知道的说成不知道，这就是一种伪谦虚或过谦虚的表现，而过分谦虚有时会让自己错失一些机会。

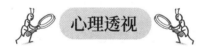

李某在过去的职业生涯中积累了丰富的项目管理经验，具备出色的业务能力。然而，李某在某次面试时过于谦虚，不好意思强调自己曾经取得的成绩，却过分突出自己的不足。这种过分谦虚的表现让面试官怀疑她是否真的适合这个职位。

最终，公司选择了另一位应聘者，尽管另一位应聘者的实力不如李某，但由于李某过分谦虚，没有展现出具备的能力，从而失去了这个工作机会。

这个案例告诉我们，过分谦虚可能导致失去机会，要保持适度的谦虚，实事求是，不妄自菲薄。

骄傲让一个人自以为是，自我封闭，而保持谦虚则能让一个人不断完善自我，接纳别人的意见，弥补自己的不足，从而不断提高自己的能力。但谦虚不等于妄自菲薄、看低自己，在现实生活中，如何才能让自己保持适度的谦虚呢？

**第一，发现别人身上的闪光点，保持谦虚。**

孔子曾说："三人行，必有我师焉。"每个人身上都有长处，只要仔细观察，用心体会，就能发现别人身上的闪光点。了解了别人身上的优点后，应谦虚地向别人学习。

**第二，实事求是，既要意识到自己的缺点，也要看到自己的优点。**

要保持适度的谦虚，首先需要对自己进行客观而全面的评估。通过定期自我反思、与朋友或亲人交流、沟通等方式来认识自己的缺点和优点。这种清晰的自我认知和实事求是的态度能帮助我们摆脱妄自菲薄和过分自大的心态。

**第三，谦虚要有度。**

对于自己的弱项，要保持谦虚的态度，多向别人请教学习，对于自己的强项和能胜任的工作，也无须过分谦虚，可以大方地展示自己的才能。

# 成败效应

## 成功或失败，要看你如何选择

　　每个人在成长的道路上都渴望成功，但通往成功的道路往往并不是一帆风顺的，中间可能会经历数次失败。在连续失败后，是一蹶不振还是一往无前努力取得成功，就要看你如何选择。

成败效应，由成功效应和失败效应共同组成，由教育家格维尔茨发现并提出。

成功效应指出，一个人在努力后获得的成功能够带来更多的成就感和满足感。这种成功，还会燃起一个人内心的斗志，使其乐于挑战更有难度的任务。

失败效应指出，一个人在努力多次后仍然失败，就会失去信心，从而产生放弃的想法。

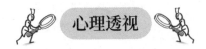

格维尔茨在教学中发现，一些成绩优秀的学生在解决了一个难题后，会不屑于再去解决同类型或相似的问题，而更愿意去挑战难度更高的题目，以寻求新的解法。这说明，容易的题目无法带给学生成就感，而学生通过自己的努力解决难题更能产生满足感。

同时，格维尔茨还发现，一些成绩落后的学生如果在多次努力后依然无法提高成绩，这些学生就会灰心丧气，不愿意再继续努力。

可以看出，成功能激励一个人不断挑战自己，从而不断进步，获得更多的成功，而失败则容易打击一个人的自信，如果连续经历多次失败，可能会彻底摧毁一个人的希望。

有人会说，既然存在失败效应，那么多次失败后，就注定会是一个失败者，就没必要再努力了。其实不然，成功或失败，要看你如何选择。楚汉相争时，刘邦一开始处于劣势，多次败北，但是刘邦没有放弃，屡败屡战，最终战胜了项羽，建立了汉朝。由此可见，即使经历了多次失败，只要自己坚定信念，持续不断地努力，最终也能走向成功。

根据成败效应，已经取得成功的人会更容易取得下一次成功，而多次失败的人可能会陷入失败的循环怪圈。一次失败不可怕，可怕的是踏入失败的循环圈再也无法跳出来，所以要想办法扭转局面，让自己从失败走向成功。

第一，适当降低目标或将大目标分解。

如果目标制定得太高，一时很难达成，势必会影响自己的信心。不妨适当降低目标或将大目标拆解，分成多个小目标并逐步完成，这样就可以让自己时时体会成功的喜悦，避免进入失败的循环圈。

第二，尝试对自己进行一些改变。

从自己身上寻找原因，审视自己的习惯、做事方法、思维方式等，并对其中一些不好的地方加以改进，这能让自己养成良好的习惯并提高自己的能力，从而使自己突破失败循环圈，走向成功。

# 史华兹论断

## 幸或不幸，取决于你自己

　　每个人都会遇到看似不幸的事情，一些人将不幸看作无法改变的命运，另一些人则将不幸看作考验和机会。同样的事情发生在不同的人身上可能会有完全不同的结局，而导致不同结局的原因就在于每个人自己。

史华兹论断由美国心理学家 D. 史华兹研究得出。史华兹论断指出，事情都具有两面性，即使一件事情本身看上去是坏事情，如果我们能够好好利用它，看到它好的一面，它也能变成好事情，但如果我们从心里就认定它是坏事情，那它最终可能真的成为坏事情。

一名记者在卧底某著名餐饮企业期间，发现该企业旗下餐厅后厨卫生状况恶劣，于是在网络上对其进行了曝光。

新闻一出，舆论一片哗然，网友们纷纷表示愤怒和担忧。无数谴责的声音一齐指向了该企业，几个小时后，该企业发布了针对此次事件的声明，在声明中，该企业坦然接受了大家的批评，并诚恳地表示将改正错误，最后该企业称，此次事件的责任不在员工，而在领导，他们不会开除员工。声明一经发出，就得到了网友们的一致称赞。在以前的类似事件中，大多数企业出事后，都将责任推给底层员工，底层员工拿着最少的钱，担着最大的责任，这令网友们感到愤慨。而该企业此次一反业界常态，没有将责任推给底层员工，这一大气的处理方式立刻获得了广大网友的好感，成功化解了危机。

记者的曝光对该企业来说无疑是坏事情，但是该企业积极做出回应，妥善处理，最终将坏事情变成了好事情，将不幸变成了幸运。试想，如果该企业也坚持认为它是坏事情，觉得无从改变，不去积极地思索处理措施，那么这件事可能就会真的成为坏事情，不会有后面的转机了。

心理启示

根据史华兹论断，幸或不幸是可以相互转换的，一个人如果心怀希望，就可以将不幸转化为幸运。在生活中，悲观的人常常更容易被生活的不幸击垮，而乐观的人总能从困苦中寻找到希望。

第一，转变心态。

具有消极心态的人常常逃避问题，具有积极心态的人乐于解决问题。遇到问题时，不要急着懊悔，应及时调整心态，用积极的心态来面对问题和解决问题。

第二，进行自我肯定和自我暗示。

有时，自己对自己信心不足也会令人产生消极的心态，这时不妨进行自我肯定和自我暗示，告诉自己"我很棒，我能行"，经过正向的暗示，能帮助自己提升自信心，让自己积极应对。

第三，勇于面对挫折和困难，不退缩。

挫折和困难虽然是人们所不愿意面对的，但是如果把每一次挫折和困难都当作对自己的磨砺，在困难出现时勇敢面对，不退缩，那么困难就会迎刃而解，甚至不幸的事也会变成幸运的事。

# 吉格勒定理

## 志存高远，终将有所收获

很多人从小就有着想当科学家、宇航员、医生、老师等的梦想，但只有一小部分人真正实现了自己的梦想。很多人走着走着就改变或丢掉了自己的目标。好的目标有助于你明确方向、实现个人理想，目标不合理或没有目标会让你虚度光阴，一事无成。

吉格勒定理由美国学者 J. 吉格勒研究提出，该定理指出，除了生命本身，没有任何才能不需要后天的锻炼。现实生活中，有天赋的人有很多，但只有少数人能坚定不移地向着目标努力并最终取得成功，那些缺少雄心壮志和奋斗动力的人注定一事无成。

吉格勒定理告诉人们这样一个道理：容易实现的低目标、低挑战，只能让你小有收获；需要付出巨大努力的高目标、高挑战，才可能让你取得辉煌的成就。

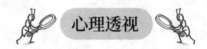

通用电气公司的前 CEO 杰克·韦尔奇曾说过，通用电气公司是一个无边界的学习型组织，正得益于一直以全球的公司为师，不断地挑战和学习，如学习丰田公司的资产管理，学习摩托罗拉的六西格玛管理，通用电气才能成长为一个全球公司。

个人要取得成就，就不要总是有畏难心理，而是必须不断制定目标，有所挑战，只有这样才能一步步获得更丰富的经验，有更好的收获。

在现实生活中，很多时候，人们会怀疑自己的能力，有畏难心理，从而只敢给自己定一个低目标，如此便失去了可能达到高目标、实现高成就的机会。

任何人做任何事情都需要一个适当的目标，当我们有一个高的目标并愿意为之努力奋斗时，也预示着我们会不负所望、有所收获。

第一，向着目标努力"跳一跳"，让自己更优秀。

一个人要有大志向、高目标，而不要追求"躺平"，只想在舒适圈里混日子。

无论是在生活、学习还是工作中，都应该养成制定高目标（并非遥不可及）的习惯，有高的目标，说明有明确的努力方向，行动会更有针对性，知道自己应该和所能达到的高度。

为了达成既定目标，激发努力的动力，必须始终保持奋斗的动力，争取不断地"跳一跳"，再"跳一跳"，去接近和实现目标，这会养成良好的学习或工作方法和习惯，使自己成为更优秀的人。

第二，要全力以赴，也要接受自己的平凡。

我们应该充分认识到，高目标有助于激发个人奋进的动力，是成功的基础，而真正的成功总是留给有准备的人，需要付出持续的、艰辛的努力，需要向着目标全力以赴。

　　我们还应该认识到，现实生活中，成功者永远是少数，甚至是个例，大多数人终归要归于平凡。高目标可以为我们指明努力的方向，让我们变得更优秀，但能否获得成功有太多不确定因素，我们不能掌控所有的事情，也不必掌控所有事情，接受平凡，全力以赴，剩下的就交给时间。

# 参考文献

[1] 李亦梅. 认识本能：心理学效应的实用解读 [M]. 深圳：海天出版社，2022.

[2] 鲁芳. 无师自通心理学效应 [M]. 北京：中国法制出版社，2017.

[3] 明道. 心理学入门：妙趣横生的 50 个心理学效应 [M]. 北京：西苑出版社，2020.

[4] 墨羽. 受益一生的心理学效应 [M]. 北京：中国商业出版社，2018.

[5] 舒娅. 心理学入门：简单有趣的 99 个心理学常识 [M]. 北京：中国纺织出版社，2018.

[6] 张弛. 开窍心理学：破除 78 个人性盲点的关键效应 [M]. 北京：中国商业出版社，2015.

[7] 陈玉明. "懒蚂蚁效应"的启迪与生活智慧 [J]. 中国信用卡，

2022（5）：80-81.

[8]  高屹．出丑效应提升个人魅力 [J]．项目管理评论，2020（2）：82-84.

[9]  龚自珍．"得寸进尺"与登门槛效应 [J]．百科知识，2011（4）：40-41.

[10]  金花．初探以"南风效应"方式下开展的家庭教育——孩子良好性格、习惯的养成需要正确的家庭教育方式开启 [J]．文理导航（上旬），2021（6）：88-89.

[11]  琚金民．为什么他的求助更易成功——趣谈"留面子效应" [J]．初中生必读，2021(Z1)：17.

[12]  李刚．浅析激励与德西效应 [J]．科技信息（学术研究），2008（9）：74-75.

[13]  戚德志，章元佳．男女搭配，干活也累？ [J]．37° 女人，2016（5）：53.

[14]  石磊，朱庆伟，刘蓉洁．"皮格马利翁效应"与学生积极心理的培养 [J]．理论导刊，2007（9）：88-90.

[15]  袁罡，王学海．鸟笼效应与营销生态链 [J]．企业管理，2015（1）：17-19.

[16]  张丽．首因效应 [J]．初中生必读，2021（10）：12-13.